U0084394

1 杯紅茶

Black Tea Cha Thea
こうちゃ *Chai*

經典&流行配方、世界紅茶&茶器介紹

編著／美好生活實踐小組　　紅茶製作／蔣馥安、楊馥美

感謝以下茶譜／圖片提供之店家：
卡提撒克股份有限公司／英國茶館、欣臨台北總公司（唐寧茶代理商）、新光三越Harrods、杜樂麗法國茶館、誠品Hediard、義式企業有限公司Taylors、Tea Forté、綠碧紅茶苑、香草行李、瑪列・小巴黎商人Mariage Frères、香茶巷40號、和菓森林、膨鼠紅茶、源香紅茶、嘉茗茶園、四季茶館、澀水皇茶

目錄
Contents

Part 3　百喝不厭的經典紅茶茶譜

 熱紅茶　　　　 **冰紅茶**

茶譜中所使用的茶葉／茶包，亦有其他選擇可替代。讀者可參照茶譜裡的「可替代茶葉」來選用。

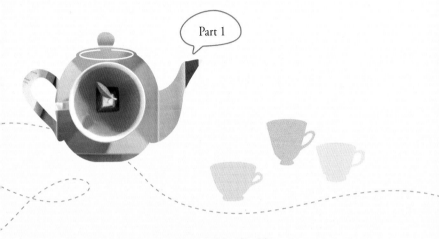

Part 1

認識紅茶家族

大吉嶺、祁門、紅玉、伯爵茶、春摘茶、秋摘茶……，這麼多種紅茶，到底怎麼分？哪些茶適合純飲？哪些紅茶又適合變成奶茶？剛入門的要選擇哪一種紅茶呢？讓我們一一為你說分明！

了解全球及台灣各地著名的紅茶

全球紅茶有許多品牌，很多品牌直接以產地命名，例如：阿薩姆紅茶就是印度的阿薩姆地區所產的紅茶。

即使在同個產區，所產出的口感也不一定相同。例如同樣產在印度大吉嶺，亦會依採摘期（春摘、夏摘、秋摘）、茶園（大吉嶺地區有各個不同的茶園）及該年氣候條件，而使得茶葉的氣味上有很大差異。再加上也有部分商品混合了同一產地但不同採摘期、茶園的茶葉，或依品種卻混和了其他產地紅茶。總之，雖然是同一個產地，依商品的種類，在氣味上也有很大的差異。

至於台灣的紅茶，在日據時代開始揚名國際，後來在台灣被高山茶搶盡風頭，一直到近幾年，才又漸露頭角。目前台灣紅茶的產地分散各地，包括台北三峽、桃園、苗栗、南投魚池、花蓮瑞穗、台東鹿野等均有茶區，但最具代表性的，則非南投縣莫屬。

南投縣內擁有盆地、台地、丘陵及山地等地形，地理環境與氣候因素各自發展出獨具特色的茶葉產業。而以紅茶來說，南投縣魚池鄉的日月潭紅茶遠近馳名，當地有大葉種台灣野生山茶、台茶8號阿薩姆紅茶及台茶18號紅玉；其中尤以紅玉在國內市場獲得最高評價；此外，近年來在台灣特別火紅的蜜香紅茶，則採用了大葉種烏龍、青心柑種及金萱等茶種來製作，因別具蜜香口感，受到大眾的歡迎。

概略介紹各產地紅茶的特色，粗分為原味紅茶及調和紅茶，同時也特別將各種茶的色、香、味標示出來，以利讀者找到自己喜歡的紅茶。

何謂紅茶的色、香、味呢？

色─鮮明度 Briskness
亦稱收斂性，也就是形容各種紅茶其固有特色的展現程度。可由沖泡時間來控制，收斂性高，就帶苦澀味。

香─香氣 Aroma
指茶葉泡出的整個氣味的程度。大至上可分為：清淡(Thin)、適中(Medium)、飽滿(Full)、濃郁(Expansive)四種名稱。

味─口感 Body
泛指茶湯在口中整體的感覺，或濃、或淡、或順口、或圓潤，或鮮爽。茶多酚含量高低，影響滋味的濃強度。口感包含了甘醇度Mellow、濃郁度Thick與奶香Milky。

甘醇度 Mellow：味醇、入口回甘的程度。
濃郁度Thick：氧化發酵成色濃，口感濃郁強烈。
奶香Milky：口感滑順，即使沒加鮮奶也有特殊的鮮奶口感和香韻。

原味紅茶

就是我們最常見的紅茶名稱，諸如大吉嶺紅茶、阿薩姆紅茶等等，有些以茶樹名命名，有以地名為名的。常拿來純飲或做調和茶的基底茶。

祁門紅茶 Keemun

產地

祁門紅茶產於在中國的安徽祁門縣，亦稱祁門工夫茶或簡稱祁紅，是中國十大名茶中唯一的紅茶。自清光緒年間在中國開始發展，至今已有百餘年歷史。祁門縣的自然生態環境十分優越，海拔高度為600公尺左右，而茶園則分布在海拔100～350公尺的丘陵地帶。由於土壤肥沃，早晚溫差大，加上常年雲霧繚繞，日照時間較短，使得祁門的紅茶有著特殊的芳香氣味，品質最為優異。國外把祁紅與印度大吉嶺茶、錫蘭紅茶，並列為世界公認的3大紅茶，在台灣甚少見到以純祁門紅茶包裝上市的產品。

祁門紅茶茶葉

口感獨一無二的祁門紅茶，茶色為明亮清澈的橘紅色，香味似蘭花，非常高雅及沉穩的香氣及味道，入口滋味鮮醇，讓人欲罷不能！這種香氣又被稱為祁門之香（Keemun Aroma），祁門紅茶會隨著時間的增長，越陳越香。在歐洲還有「中國茶的布魯格尼葡萄酒」之美譽。8月是採收優良品質茶葉的季節。祁門紅茶是採用中國傳統手工製成，茶葉形狀猶如針般纖細。

大吉嶺紅茶 Darjeeling

產地

全球頗富盛名的大吉嶺紅茶，產於印度西孟加拉邦北部，也就是所謂喜馬拉雅山區的大吉嶺高原，故名大吉嶺紅茶，是世界三大名茶之一，和阿薩姆紅茶不同的之處，是大吉嶺紅茶為小葉茶種。因為高原地形之故，茶園多分布於海拔1,000～2,500公尺之間，終年雲霧繚繞，年均溫為15度左右，白天日照充足，但日夜溫差大，使得茶葉成長緩慢，卻也孕育出韻味獨特的紅茶。

 大吉嶺紅茶茶葉

氣候因素的影響，大吉嶺紅茶的春茶、夏茶、秋茶各有不同滋味。春茶發酵較輕，也較刺激，因此茶湯帶有新鮮青葉的滋味；夏摘茶發酵程度較高，口感較為溫和，所以也較容易讓人親近；至於秋茶，茶色較深、味道較苦澀，是唯一能用來沖奶茶的大吉嶺茶，相對地在價格上也平易許多。

由於大吉嶺紅茶味道帶有果香而濃郁，在英國享有盛名，故有「紅茶之皇者」的美喻，亦有人稱之為「紅茶中的香檳」。大吉嶺紅茶每年只出產8,000～11,000噸，因此不少人趨之若鶩。

香氣　甘醇度　濃郁度　鮮明度　奶香

市售常見的大吉嶺紅茶

大吉嶺紅茶是市面上最常見的紅茶茶款之一，它可以單飲也可以當基底茶，調和其他各種不同的花草或紅茶，所以在市面上非常容易找到它的蹤跡。

下圖
1. 唐寧
2. 卡提撒克
3. Taylors
4. 世家
5. Harrods
6. TWG

1　*2*　*3*　*4*　*5*　*6*

阿薩姆紅茶 Assam

產地
印度北方阿薩姆省，是世界最大紅茶產地，此地為丘陵地形，年平均溫在15～17度，日照強烈，需多種植樹木為茶樹遮避，加上終年雨量多濕度大，是大葉種茶樹最佳生長地。而雨量豐富使熱帶性的阿薩姆紅茶茶樹蓬勃發育，其所生產的大葉種阿薩姆紅茶，是世界三大名茶之一。尤其以位於印度南方的尼爾吉利（Nilgiri）產區，因為地理及氣候皆與斯里蘭卡相近，因此風味與錫蘭茶相似。12月～1月間採收的茶葉品性特別優良，且拜氣候所賜，一年四季皆有生產，是印度最大的紅茶產區。

香氣 甘醇度 濃郁度 鮮明度 奶香

阿薩姆紅茶茶葉

阿薩姆紅茶可大略分為條狀和碎狀兩種，葉色偏深褐。條狀紅茶較具有強烈的原始口感，較適合以原味的方式呈現；而碎狀紅茶則可加入濃濃奶香泡成奶茶。

阿薩姆紅茶屬百分之百發酵茶，沒有咖啡因的成分，較一般茶品溫和、不傷胃，其最大的特點是茶味濃烈，含有甘醇的餘香，素有「烈茶」之稱。沖泡後，茶湯色為深紅，同時有著淡淡的麥芽香和玫瑰香。以6～7月採摘夏茶品質最優，而10～11月產的秋茶較香，最適合奶茶。

市售常見的阿薩姆紅茶
阿薩姆紅茶和大吉嶺紅茶一樣，也是大家最耳熟能詳的茶款之一。坊間很多茶飲料，也都是以阿薩姆紅茶為基底加上牛奶來販售。

下圖
1. Taylors
2. Hediard

肯亞高山茶 Kenya

產地

位於非洲的肯亞，是20世紀新崛起的紅茶產區，雖然不過數十年歷史，茶葉生產量卻已成為名列世界前3大，且備受各方矚目的紅茶重要生產國之一。

肯亞茶主要茶區為肯亞高原及山谷地區，海拔高度約在1,500～2,700公尺之間。肯亞地區並沒有當地土生土長的茶葉，而是由英國人於西元1903年引進茶樹，在肯亞找到適合種植的紅茶所培育出來。

肯亞紅茶茶葉

肯亞紅茶茶湯濃厚，茶色黑中透紅，口感與阿薩姆茶相似但缺乏甜味，飲用方法非常多元化，唯此款茶多做為調和茶之基底茶，尤以加牛奶或檸檬，做為提神的早餐茶，甚少以單純肯亞茶包裝上市。

錫蘭茶 Ceylon

產地

錫蘭紅茶的名字源自於斯里蘭卡的舊國名——「錫蘭王國」。

斯里蘭卡位於印度半島的東南方，十九世紀初期被英國殖民統治，由蘇格蘭人詹姆士泰勒（James Tayolr）自印度引進大葉種的阿薩姆茶樹，自此紅茶在斯里蘭卡落地生根。

錫蘭紅茶百多年來有六個主要產區，因產區、季節與海拔高度的不同，其風味可謂變化萬千。尤其位於中央山地中心位置的努瓦拉艾利亞（Nuwara Eliya），意為光明之城，海拔1889公尺，是斯里蘭卡最重要的紅茶產地與集散地。而烏巴（UVA）則是知名度最高的產區，尤其6〜9月乾季所採收的茶葉是最高等級，其美麗茶色在茶杯的杯緣描繪出金色環輪，被稱之為「黃金杯」，是烏巴茶高品質的證明，也是錫蘭紅茶外銷的主力。

錫蘭紅茶茶葉

錫蘭紅茶是一種生長於高地，中等強度的紅茶，由於空氣潔淨，是世上唯一不經清洗，手工採摘嫩葉，直接進入揉捻、氧化發酵程序的紅茶。咖啡因較少，口味清爽潤滑而不苦澀，具有高度的收斂性，風味強勁口感厚實，帶有玫瑰薄荷香氣，可以跟其他不同茶品搭配，譬如愛爾蘭早餐就是錫蘭茶加上阿薩姆茶調和而成。錫蘭茶適合下午搭配點心，可以加蜂蜜或糖增添風味。

市售常見的錫蘭紅茶

錫蘭紅茶市售並不多見，最具知名的品牌應該是某速食店紅茶所用的牌子。錫蘭紅茶通常拿來做調和茶基底茶。

下圖
1. Taylors
2. Dilmah帝瑪

1 *2*

大葉台茶18號
（紅玉）

產地

別稱「紅玉」、「涵山紅茶」的台茶18號，為台灣特有的茶樹品種，它是由台灣茶葉改良場魚池分場經歷多年研究，以台灣野生山茶為父本與緬甸大葉種紅茶配種衍生而成，是目前世界上獨一無二的紅茶新品種，以手工栽採一心二葉，製成高級及條型紅茶，南投魚池鄉為主要產區。

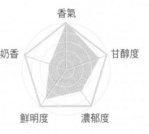

台茶18號茶葉

茶湯艷紅明亮，香氣濃郁芬芳；滋味上則同時兼具了印度阿薩姆紅茶的紮實渾厚，與錫蘭烏巴（UVA）如森林般的強勁辛香，以及台灣山茶特有的玫瑰、薄荷、柚子皮的氣息與狂野勁道，帶有獨特的肉桂芳香與薄荷涼香，且因台灣山茶所含的豐富膠質，故而口感柔滑，造就獨特的「台灣香」；即使長時間浸泡，仍圓潤不覺苦澀。

市售常見台茶18號

又名紅玉的台茶18號，現在在台灣的名氣響亮，產區位於南投日月潭，有多家茶農自營品牌，下回去日月潭不妨好好品嘗一番。

1　*2*　*3*　*4*　*5*　*6*

左圖
1. 香茶巷40號
2. 灃水皇茶
3. 和菓森林
4. 膨鼠紅茶
5. 源香紅茶
6. 四季茶館

大葉台茶8號（阿薩姆）

產地

台灣日治時期便自印度引進大葉種阿薩姆紅茶，發現魚池鄉之日月潭，無論氣候條件與地理環境均非常適合大葉種紅茶生長，其所製作出來的紅茶，早期被日本人送至倫敦茶葉拍賣市場，得到很高的評價，並被視作日本天皇之御用貢品。

日月潭紅茶經台灣茶改場累積近60年來的改良技術，其香氣與滋味被認定具有頂級錫蘭、阿薩姆紅茶的水準

台茶8號茶葉

烘焙好的茶葉外觀呈條狀，色澤烏黑油潤，茶湯色澤亮紅，有著一股揉雜著甘甜水果乾及淡淡的玫瑰花香，飲用時順入口喉，具收斂性、鮮爽宜人。除了清飲外，和牛奶搭配也是一絕，這時茶湯轉為迷人的琥珀色，奶香中伴隨著濃郁茶香，「色」、「香」、「味」俱佳，且冷熱飲皆宜，是台茶8號最大的特色。

市售常見台茶8號

又稱台灣阿薩姆紅茶的台茶8號，其口感不輸印度阿薩姆紅茶，拿來純飲或加牛奶口味都是一極棒！

右圖：
1. 香茶巷40號
2. 和菓森林
3. 澀水皇茶
4. 源香紅茶

1　　*2*　　*3*　　*4*

蜜香紅茶

產地

蜜香紅茶這幾年火紅速度極快，也是台灣的特色紅茶。主要分布在花東地區，不過眼見蜜香紅茶的大受歡迎，農委會這幾年在各地茶產區：如北縣三峽、南投縣名間、仁愛、鹿谷及嘉義縣梅山等地，也開始製作特色紅茶。

製作蜜香紅茶的茶種有大葉茶種、台茶12號（金萱茶）、武夷茶及青心柑種等。茶樹成長過程，葉片經過小綠葉蟬吸食後，葉片邊緣呈捲曲狀，經過萎凋、揉捻、發酵、乾燥等製茶步驟後，會產生天然的蜜香或果香味，這是蜜香紅茶最大的特色。

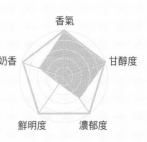

香氣
奶香
甘醇度
鮮明度
濃郁度

蜜香紅茶茶葉

由於小綠葉蟬多存於春夏溫暖之季，秋冬天氣轉涼後便不利其生存，因此蜜香紅茶的生產仍有季節之分。以夏天製作的蜜香紅茶口感最優，茶湯清澈、口感軟潤、甘甜，帶有天然蜜香、蔗香和桂花（或荔枝）蜜香，在紅茶世界裡屬於少見的特殊風味，非常適合純飲。即使加牛奶，也不會破壞紅茶原本的風味，做成冷泡更可嘗到其特殊香氣及頂級紅茶的甜味。

市售常見蜜香紅茶

知名度不輸台茶18號、台茶8號的蜜香紅茶，尤其夏茶最佳，現在到花東，常可見這款名茶。

右圖：
1. 四季茶館
2. 舞鶴嘉茗茶園

1
2

調和紅茶

調和紅茶又稱加味茶，顧名思義就是以紅茶為基底，用薰香或加料的方式，讓紅茶有了另一種味道。

最具知名度的調和紅茶當屬伯爵茶，這款由唐寧打出知名度的調和茶，現在也是各大知名茶商必推的商品之一。除了伯爵茶之外，其他由印度阿薩姆紅茶（取其香氣）、錫蘭紅茶（取其滋味）和肯亞紅茶（取其色澤）所調和出來的早餐茶，也是大家耳熟能詳的茶款之一，其他如肉桂紅茶、玫瑰紅茶、蜜桃紅茶等口味琳琅滿目，各家也都不斷推陳出新，提供消費者更多選擇。

市售常見的調和紅茶

伯爵茶

伯爵茶是最經典也最歷史悠久的調味茶。這款以來自中國的茶葉添入佛手柑的香味而製成的茶款，據傳是葛雷伯爵（Earl Grey）於英國維多利亞時代從中國得到這種茶的配方，將之交給英國老牌茶公司，遂而廣為流傳下來。現在也有多家廠商以其他紅茶為基底，自行搭配佛手柑塑造特色的伯爵茶。

左圖：
1. 唐寧伯爵茶
2. 哈尼特級伯爵茶
3. Mariage Frères 伯爵茶
4. 卡提撒克伯爵茶

英國早餐茶

由來自不同產地的幾種紅茶以一定比例搭配而成，包括印度茶（取其香氣）、錫蘭茶（取其滋味）和肯亞茶（取其色澤），是一種醇厚的飲料，香氣高遒，合純飲或搭配牛奶或檸檬。適量的咖啡因含量可以讓人頭腦清醒，開始忙碌的一天。

下圖：
1. Harrods早餐茶
2. 卡提撒克早餐茶

其他綜合調和紅茶

由單種或多種水果、花草與紅茶依比例搭配出最棒的口感，創造出更獨特的紅茶滋味。

左圖：
1. Mariage Frères 經典1854
2. 綠碧黃金橘紅茶
3. 哈尼陽光禮讚
4. TWG各式調和茶款
5. Tea Forté各式調和茶款

如何選擇適合自己的紅茶？

紅茶的種類有大吉嶺、阿薩姆、錫蘭、祁門、肯亞、紅玉（台茶18號）、台茶8號及蜜香紅茶、調和茶等等，之前較少接觸紅茶或想要開始嘗試喝紅茶的人，要如何選擇適合自己的紅茶呢？

紅茶的口感其實是澀甘酸甜的體驗，不同品種的紅茶，酸甜甘澀的口感略有不同，讀者可以依每款茶的特性來做選擇。而紅茶中所謂的「澀」，其實和葡萄酒中常說的「澀」一樣，是因為紅茶和葡萄酒中含有有益心血管疾病的──丹寧酸。這種澀的感覺，是口腔中舌頭收斂的一種感覺，和我們平常所認知的澀味略有不同，並非品質不好的表徵。

就書上所介紹的茶種來說，約略可將其分為兩大類：澀甘系紅茶及酸甜系紅茶。

澀甘系紅茶大致上有澀、甘的口感，初入口時有種生澀味，但入喉之後卻能立刻感受到鮮爽甘醇及收斂性。能產生這種獨特口感的茶，其所擁有的風土條件，大多是古老大陸才有的風土特性，諸如印度大吉嶺紅茶、中國的祁門紅茶等，都具有這樣的特質。

另外，酸甜系紅茶則是茶湯入口擁有酸甜交錯的口感，澀甘味不特別明顯，是一種很輕巧滑順而迷人的層次。台灣的紅玉及蜜香紅茶，正是這類茶的代表。

澀甘系或是酸甜系紅茶，其實只是粗淺的一種表達，並非用來斷定茶種的好壞，只要泡得好、滋味濃醇，就是好茶。

依口味選擇紅茶

	澀、甘	酸、甜	純飲	加味
大吉嶺紅茶	◎		◎	◎
阿薩姆紅茶	◎			◎
錫蘭烏巴茶	◎			◎
中國祁門	◎			
肯亞高山茶	◎			◎
台茶18號		◎	◎	
台茶8號	◎		◎	◎
蜜香紅茶		◎	◎	

1. 採茶

製作好茶第一步：
手採一心二葉。

2. 萎凋

將採好的茶葉放於
室內自然萎凋，使
茶葉水分減少，變
得較為柔軟。

3. 揉捻

以手工或揉捻機揉
捻，目的是在破壞
茶葉組織，使其利
於茶味散出，方便
茶葉成型。

4. 解塊

揉捻過程茶葉容易黏在
一起，不利於後面的製
作，所以需要將它解
開，同時亦在此步驟初
步挑除老葉殘枝。

紅茶的製作過程

紅茶是全發酵茶，意指茶葉摘採後，經長時間萎凋、揉捻或切碎等步驟，再放置於室內或戶外，使其氧化、發酵過程，再經乾燥後的成品。由於製作過程中，茶葉的茶多酚產生氧化作用，導致茶色變成紅色。

紅茶發酵前

5. 發酵

紅茶的氧化發酵是製程關鍵，解塊挑除老葉殘枝後，需將茶葉攤開，視環境及茶葉情況，讓茶葉發酵至少2～3小時，以產生紅茶獨特滋味。

紅茶發酵後

6. 乾燥

去除水分停止茶葉發酵，同時利於茶葉儲存，並增添茶葉風味。

7. 分級包裝

進行茶葉篩選及包裝。

了解紅茶的分級

茶葉包裝上，除了茶葉名稱之外，還常可見到如OP、FOP、BOP
的英文字，讓人摸不著頭緒，其實這是紅茶茶葉等級的記號。紅
茶的等級並非以產地來區分，而是以茶葉使用的部位、大小來
分。理由是因為茶葉的大小決定了沖泡時間的長短，若是混雜了
各種大小不一的茶葉，就無法沖泡出茶葉原有的美味。而等級的
差別，是讓消費者對沖泡時間有所參考，而不是用來決定茶的味
道好壞。

橙黃白毫
Orange Pekoe

白毫小種
Pekoe Souchong

花橙黃白毫
Flowery Orange Pekoe

白毫
Pekoe

小種
Souchong

紅茶茶葉等級區分一覽表

	等　級	特　徵
全葉類 Leaf Tea	FOP花橙黃白毫 （Flowery Orange Pekoe） FOP	長出的茶葉，自最嫩的金黃新芽葉往後排列，第一片新芽稱之為「花橙黃白毫」，若此茶葉多由茶葉最尖端的新芽所組成，香氣較濃郁，且因葉片最小，沖泡時間較短。 在這等級之上，還有TGFOP（含有較高比例的金黃芽葉的FOP茶葉）、FTGFOP（品質絕佳的FOP茶葉）、SFTGFOP（品質最優的FOP茶葉） TGFOP　　FTGFOP　　SFTGFOP
	OP橙黃白毫 （Orange Pekoe） OP	第二片心芽葉稱之為「橙黃白毫」，芽尖往下數第一個嫩葉，普遍外型呈細長的線形，不含毫尖，細嫩芽葉量較FOP少。
	P白毫 （Pekoe）	第三片葉子（位於OP下方的葉子），揉捻後較OP短而粗。
	PS白毫小種 （Pekoe Souchong）	第四片葉子（位於P下方的葉子），PS與S外型粗大，幾乎都是機器採收。捻製後的PS茶葉，外型粗而短，常用來供應全球低價市場。
	S小種 （Souchong）	第五片葉子（位於PS下方），葉片通常較大。

	等　級	特　徵
碎茶類 Broken Tea	FBOP碎花橙黃白毫（Flowery Broken Orange Pekoe）	就是FOP弄成細碎狀，是紅碎茶中品質最好的。由嫩尖組成，色澤烏潤，香高味濃。
	BOP碎葉橙黃白毫（Broken Orange Pekoe）	將OP類別的茶葉切碎，屬於細碎型紅茶，茶湯滋味厚實，沖泡後內容物較容易在短時間內釋出。
	BP碎葉白毫（Broken Pekoe）	白毫碎葉，Pekoe 的細碎型茶葉。形狀與BOP相同，不過色澤稍遜，且不含毫尖，香味較前者差。
	BPS碎正小種（Broken Pure Souchong）	切碎了的白毫小種。

FBOP　　BOP　　BPS

	等　級	特　徵
片茶類（Fanning）	BOPF碎橙黃白毫片（Broken Orange Pekoe Fanning）	比BOP切得更細碎的葉片，是一種小型碎茶，茶色更為濃厚，紅茶香味極強烈。外形色澤烏潤，滋味濃強，是袋泡茶的好原料。
粉茶類（Dust）		甚少在罐裝的標示裡出現，多是用來當成茶包的原料。
CTC：碾碎、撕裂、捲曲（Crush、Tear、Curl）		經過萎凋、揉捻後，利用特殊機器將茶葉碾碎（Crush）、撕裂（Tear）、捲曲（Curl），使成極小的顆粒狀，方便在極短的時間內沖泡出茶汁，所以常常用作製造茶包使用。

茶葉的等級標示與品質的高低並非絕對，主要還是以產區及茶款特色而定。以錫蘭烏巴（UVA）茶為例，這款茶品嘗的重點就是它強勁濃烈的芳香，因此選擇BOP等級的就比較適合。

另外，上述的分類方法雖大致是世界共通，但並非每個國家、產地都會生產每一個等級，所以在選茶時，最重要的是自己的口感，而上述的分類，不過真的就是紅茶在沖泡時所需的時間考量而已，切勿盲從迷信只有最高等級的茶才是好茶。

Tea × Sweets　紅茶×甜點

清新宜人的早餐茶、一掃午後憂鬱的下午茶；一群人結伴而行的午茶約會，還是一個人倚著窗邊翻翻閒書的晚安茶，清新爽口或醇厚濃郁的紅茶是主角，卻少不了美味可口的甜點來搭配。

面對琳琅滿目的各式甜點，不知如何選擇。這時不妨根據自己點的紅茶來挑選。紅茶的口感其實是澀甘酸甜的體驗，不同品種的紅茶，酸甜甘澀的口感略有不同，該如何搭配甜點呢？

澀甘系紅茶：阿薩姆紅茶、錫蘭烏巴茶、大吉嶺紅茶、中國祁門

以阿薩姆種為主所產生的紅茶來説，大致上有澀、甘的口感，像一般的阿薩姆紅茶及錫蘭烏巴茶，大多數都是以奶茶風味呈現，不妨搭配奶油泡芙、蜂蜜或奶油口味的鬆餅及甜度較高的巧克力，而紅豆沙、滷肉等口味的月餅也很適合；至於大家趨之若鶩的大吉嶺春摘茶，因為麝香葡萄味極為明顯，很適合純飲，不妨搭配黑巧克力，或是搭配以起司蛋糕為基底，加入卡士達奶油、柳橙、覆盆莓等水果夾心蛋糕，甚至是司康、戚風蛋糕，或是白豆沙、蓮蓉餡的月餅也很對味。

酸甜系紅茶：紅玉、蜜香紅茶

具有蜜糖高香的紅玉，口感帶點微弱果酸，甜度不若聞起來那麼香甜，搭配起鹹餅乾、鹹三明治都很對味，其他如綠豆椪、金門貢糖也很不錯。
至於蜜香紅茶的甜度，則較紅玉來得高，和台灣特產鹹蛋糕、黑糖糕等都很搭；至於西點類，有不少人推薦搭配馬卡龍、水果塔。

加味茶／花草茶

以紅茶為基底的加味茶或花草茶，搭配德國布丁、蘋果派、司康都很不錯；伯爵茶，搭配不甜膩的蛋糕，則是公認的選擇。

Part 2

沖泡&享受一杯好喝的紅茶

想要享受一杯好喝的熱紅茶？冰紅茶？
怎麼泡絕對是重點！
就讓我們按圖索驥，一步一步泡杯好紅茶！

了解紅茶的基礎泡法

你知道為什麼紅茶這麼迷人？除了品種不同，滋味不一樣之外，還有因為它的變化萬千：純飲最能顯現紅茶的原本面貌，不論是大吉嶺或阿薩姆，不管是春摘茶還是秋摘茶，透過純飲，茶葉的特性表露無遺；冷熱皆宜的奶茶則給人溫暖新鮮的好滋味，不管是紅茶拿鐵、印度奶茶、阿薩姆奶茶、伯爵奶茶，紅茶與牛奶的結合，就是那麼對味；至於調味茶，除了考驗製／調茶師傅調配各品種茶葉的功力，同時也藉由其他香味或不同特色的茶葉相互拼配，為紅茶添加新滋味，創造出豐富獨特的口感。

想要喝一杯好紅茶，在時間、地點許可的範圍內，最好花一點工夫用茶葉以煮或沖泡的方式，讓紅茶的美味真實呈現。如果受限於時間與空間，那麼簡單一點的茶包泡法，也是不錯的選擇。

在泡紅茶或煮紅茶之前，有些基本的知識要具備：

選擇適合的水

「水為茶之母」——水質是影響茶風味的重大關鍵。不同水質沏出的紅茶，其香氣滋味會有相當大的差異。適合泡紅茶的水，是指無臭且含有大量氧氣的水，以利茶葉在水壺或杯中翻滾跳躍。因此市售礦泉水、第二次煮開的水或是熱水瓶內的水，都不適合拿來泡紅茶。最好的水就是要泡茶時才從水龍頭流出來或過濾後的新鮮水。

使用100℃的開水

開水的溫度對紅茶來說，影響極大。首先，水一定要沸騰，但要注意的是：千萬不要過度煮沸。煮沸程度來說，大概以氣泡變成魚眼大小最好。如果沒有完全達到100℃的沸騰狀態，紅茶的茶葉雖然還是會浮起，但香氣卻無法充分散發，所以要使用100℃沸騰的開水，才能讓茶葉在茶壺中產生跳動現象，而且香氣韻味也才會散發出來。

溫壺動作不可少

等水滾沸到氣泡變成魚眼大小，熄火。倒一些熱水將準備要沖茶用的茶壺、茶杯、濾網等器具倒滿熱水靜置1分鐘再倒出，以免冰冷的茶壺讓倒進去的熱水快速降溫，影響泡茶的品質。建議使

用保溫效果高、腰身較為寬厚、瓷器材質的茶壺，才能讓茶葉在壺中跳舞，也就是讓茶葉在水中上下移動、舒展，釋放出甘美的滋味。

放茶葉的量要計較

一般來說，個人壺約可以裝兩杯到兩杯半的茶，也就是大約350～400c.c.，以這樣的水量會需要3～5g.的茶葉，也就是採用茶葉茶匙（見P.119）平匙的狀態約1～2匙。不過因為茶葉有碎葉形及全葉形，所放的量也不一。小葉片（碎葉形）的茶葉因為在茶匙中不會有空隙，所以可以少放一點（約0.8～1.5匙）；而大葉片（全葉形）的茶葉因為交錯關係，空隙較大，可以稍微多放一些（約1.25～2.5匙）。關於茶葉的量，可憑個人經驗及所要的口感略做調整。

至於袋茶，因為大多為2g.裝成一小包，所以若以茶壺泡，就可以放2包進去；若是以茶杯泡，則放1包即可。

泡茶水溫要注意

大部分的專家都認為，要用100℃的水溫泡紅茶。不過一般而言，在95～100℃的溫度，都能讓茶葉獲得充分舒展。尤其對大吉嶺春摘茶等嬌嫩的茶來說，有些人覺得100℃的水溫或許過高，這時不妨可以降至低些再泡。

燜的時間是關鍵

燜的時間過長過短都會壞了紅茶的風味，讀者可以以3分鐘為基本時間，視茶葉完整性及茶品種再來延長或縮短。細碎型（CTC）茶葉燜的時間可以短一些（1～2.5分鐘），全葉型時間可延長些（3.5～5分鐘）；至於大吉嶺這種以清雅風格見長的茶種，浸泡時間就大約在2.5～3分鐘之間，而阿薩姆、錫蘭、烏巴等味道濃郁厚實的茶葉，則大概就要3.5～5分鐘之間。可使用計時器或沙漏協助計時。所以讀者可視茶葉品種、茶葉本身完整性來決定燜的時間。

想要享用一杯美味的紅茶，以上的訣竅是泡紅茶的基本功，後面緊接著介紹以茶葉或茶包來泡熱紅茶或冰紅茶，讀者可以多加練習、多嘗試，依自己的喜好，泡出屬於自己的一杯紅茶！

熱紅茶的做法

熱紅茶是大家最常在家享用的飲品之一，只要掌握好水、茶葉量及浸泡時間，就能簡簡單單泡出一杯好茶！

茶葉泡法

做法 *Instructions*

1. 使用新鮮自來水，將水煮沸至100℃。（圖 *1*）
2. 將茶壺注滿熱水，使其溫熱後倒出。（圖 *2*）
3. 將茶杯注滿熱水，使其溫熱後倒出。（圖 *3*）
4. 以茶匙測量適當的茶葉量放入壺中。（圖 *4*）
5. 倒入剛沸騰的熱水，讓茶葉在熱水中充分的翻動。（圖 *5*）蓋上壺蓋，開始浸泡，時間到就濾出紅茶。（圖 *6*）

貼心小提醒 *Tips*

依個人需求，將茶葉及水量備好，水量要比預期的多一些，因為溫壺、溫杯都需要熱水，加上泡茶葉時，茶葉會吃掉一些水分。所以倒入150c.c.的熱開水，但濾出的紅茶不到150c.c.是正常的。

茶包泡法 （依個人需求，將茶葉及水量備好）

做法 Instructions

1. 使用保溫效果高、腰身較為渾厚、瓷器材質的茶壺。
   （圖*1*）
2. 將茶壺注滿熱水，使其溫熱後倒出。（圖*2*）
3. 將茶杯注滿熱水，使其溫熱後倒出。（圖*3*）
4. 將剛沸騰的熱水倒入壺中，將茶包輕輕地從茶壺邊緣
   滑進去。（圖*4*）
5. 加蓋浸泡，至時間到時將茶包取出。（圖*5*）
6. 重點：茶包千萬不能擠壓！（圖*6*）

冰紅茶的做法

將適當的茶葉放在冷水中，靜置6～8小時後就可以飲用。茶葉在冷水中，將帶有甜味的茶胺酸先溶，而茶葉中苦味來源的丹寧酸、咖啡因則較不易溶出，沒有一般熱泡茶的澀味。不過這樣的冰紅茶大多是純飲，也甚少加糖，因此建議選擇品質好一點的茶葉或茶包。

冷泡法

做法 *Instructions*

1. 將茶葉10～12g.(或茶包3～5包)及冷開水1000c.c.放入茶壺（或保特瓶）中。（圖↙）
2. 放在冰箱冷藏下浸泡一晚(6～8小時)。將茶葉(茶包)取出即可飲用。（圖↙）
3. 泡好的冰茶請盡早飲完。
   ※茶水的濃度可依個人喜好，自行調整浸泡時間。

熱泡法 (依個人需求，將茶葉及水量備好)

做法 Instructions

1. 使用保溫效果高、腰身較為渾厚、瓷器材質的茶壺。
   （圖*1*）
2. 將500c.c.的熱水沖泡20g.的茶葉約3分鐘，濾出茶葉。
   （圖*2*）
3. 加進300c.c.冷開水。（圖*3*）
4. 再加入200g.的冰塊，一邊快速攪拌後，倒入玻璃杯中
   即可。（圖*4*）

紅茶Q&A

紅茶新手對哪些問題最感興趣呢？看看以下的「紅茶Q&A」，是不是解決了你不少疑惑呢？

Q. 紅茶的咖啡因含量有比咖啡高嗎？

A. 茶葉發酵時間愈長，咖啡因含量愈多。未經發酵的綠茶，咖啡因含量只有完全發酵紅茶的三分之一。而半發酵的烏龍茶，咖啡因含量大約只及紅茶的一半。另外，沖泡時間也會影響茶湯的咖啡因含量。沖泡時間愈長，被萃取出的咖啡因就愈多，反之則愈少。

一般而言，紅茶沖泡4分鐘會釋放40～100毫克的咖啡因；如果只萃取3分鐘，則只有20～40毫克咖啡因溶入茶湯。

Q. 買散茶好？還是買茶包好？

A. 散茶的優勢在於可以看到茶葉真正的面貌，也可藉此聞香、觀型、觀色，購買起來較有保障；一般市售茶包多以2g包裝，多是用等級較低的茶葉碎末製成，不過最近也有業者要求品質，堅持用原本散茶茶葉形狀整葉打碎，再以機器個別包裝成裸包，再加以不透光的鋁箔袋包裝，以防潮保存。
因此如果可以買到信譽卓著的店家，或許茶包是一個方便的選擇。但重點是用茶包泡或煮時，千萬不能壓茶包，否則茶湯就容易變澀。

Q. 冷的好喝？熱的好喝？

A. 紅茶冷熱都好喝，看每個人喜好！有些人是用濃縮煮泡法，再加入冰塊或冰水；也有人是將紅茶泡好，直接將紅茶放在冰塊上極速冰鎮。
這兩種方式看個人喜好，濃縮煮泡法只要注意別將茶煮泡澀掉，就不會有太大的問題。

近年來流行的冷泡法，則是將茶葉置入冷開水6～8小時即可飲用。因為咖啡因及丹寧酸於溫度80℃以上才會逐漸釋出，同時冷泡茶也因無丹寧酸，茶水較不容易酸敗，加上低量咖啡因也較不會影響睡眠品質。

Q. 什麼紅茶最適合拿來純飲

A. 大吉嶺紅茶有「紅茶香檳」之稱，具有獨特香味，最適合拿來純飲。大吉嶺春茶纖細清新、夏茶濃郁豐碩、秋茶成熟平順，各有特色。另外，印度尼爾吉利Nilgiri產區的阿薩姆紅茶，拿來純飲也很棒。而加入佛手柑的伯爵茶，也有很多人喜歡拿來純飲。索條狀的台茶18號及蜜香紅茶，也都適合純飲。

Q. 什麼紅茶最適合拿來沖泡奶茶？

A. 一般來說，印度的阿薩姆、斯里蘭卡的烏巴茶，都因為茶濃、味香，不易被牛奶輕易掩蓋，很適合調成奶茶；其他如印度尼爾吉利阿薩姆、非洲的肯亞等，因為和牛奶很搭，拿來做成奶茶很對味！

Q. 煮奶茶時，牛奶要先加還是後加？

A. 這是見人見智的答案，只要是你習慣的，先加後加都可以，只要抓好自己想要的牛奶與紅茶比例與口感，加熱牛奶或冰牛奶，先倒或後倒牛奶，隨個人喜好！

Q. 紅茶的保存限期是多久？

A. 紅茶的保存期限依包裝有所不同，罐裝約15個月，茶包則約6個月。在期限內開封，儘早喝完才好。

Q. 買紅茶，應該買多少的量？

A. 紅茶首重新鮮度，因此一次量不要買太多，以一個月份的量為佳。一個人一個月約為100g，可以以這樣的量來計算。如果剛開始接觸紅茶，不知是否喜歡，那麼買的量不妨再少一點。

Part 3

百喝不厭的經典紅茶茶譜

最能顯出紅茶原味的熱飲，
最清涼解渴的冰涼飲法，
不管是原味紅茶，還是調味紅茶，
不論是添了牛奶、加了糖、放了其他水果……，
紅茶的迷人世界，讓人無法自拔！

柳橙水果茶

份量：350 c.c.

適合搭配茶點：
重乳酪蛋糕

可替代茶葉：
- 阿薩姆紅茶
- 錫蘭紅茶
- 大吉嶺紅茶
- 肯亞紅茶
- 祁門紅茶
- 台茶18號
- 台茶8號
- 蜜香紅茶
- 水果加味茶
- 花草加味茶

材料 Ingredients

錫蘭紅茶包2包、水200c.c.、柳橙1 又1/3個、柳橙果肉10g.、檸檬1/6個、檸檬果肉10g.、蘋果10g.、鳳梨10g.、糖水30c.c.

做法 Instructions

1. 柳橙洗淨，取1又1/3壓汁約90c.c.，柳橙果肉切小丁；檸檬洗淨，取1/6個壓汁約5c.c.，檸檬果肉切小丁；蘋果洗淨去皮，去核籽後取10g.果肉切小塊，鳳梨果肉切小丁。
2. 將水煮沸至100℃。
3. 將柳橙、檸檬、蘋果、鳳梨及糖水加入，以中火煮1分鐘，放入紅茶包，轉小火續煮15秒鐘後熄火。
4. 茶杯溫熱，將茶倒入杯中即可。

貼心小提醒 Tips

煮好的水果茶及花草茶，不妨選用透明的玻璃茶壺裝盛，一邊品茶一邊欣賞水果、花朵漂浮在茶中的美麗景象。

熱桔茶

份量：550 c.c.

適合搭配茶點：
法式牛軋糖

可替代茶葉：
- 阿薩姆紅茶
- 錫蘭紅茶
- 大吉嶺紅茶
- 肯亞紅茶
- 祁門紅茶
- 台茶18號
- 台茶8號
- 蜜香紅茶
- 水果加味茶
- 花草加味茶

材料 *Ingredients*
台茶18號茶包2包、水400c.c.、金桔7粒、檸檬1/2個、柳橙汁90c.c.、桔子果醬6g.、蜂蜜30c.c.

做法 *Instructions*
1. 金桔洗淨對切，壓汁約30c.c.，檸檬洗淨對切，取1/2個壓汁約15c.c.備用。
2. 水倒入單柄鍋內，煮沸至100℃，放入金桔汁、檸檬汁、柳橙汁及桔子果醬以大火煮至融解，放入紅茶包，轉小火煮15秒鐘後熄火。
3. 取出茶包，加入蜂蜜拌均勻，即可倒入溫好的杯中享用。

夏威夷水果茶

份量：400 c.c.

適合搭配茶點：
瑞士巧克力

可替代茶葉：
- 阿薩姆紅茶
- 錫蘭紅茶
- 大吉嶺紅茶
- 肯亞紅茶
- 祁門紅茶
- 台茶18號
- 台茶8號
- 蜜香紅茶
- 水果加味茶
- 花草加味茶

材料 *Ingredients*
阿薩姆紅茶包2包、水300c.c.、檸檬10g.、柳橙10g.、鳳梨10g.、蘋果10g.、草莓1粒、肉桂粉2g.、蜂蜜30c.c.、白蘭地酒10c.c.

做法 *Instructions*
1. 檸檬及柳橙洗淨，均不去皮切小丁；鳳梨果肉切小丁；蘋果洗淨去皮，去核籽後取10g.果肉切小丁；草莓洗淨，去蒂後切小丁。
2. 將水煮沸至100℃，加入所有材料（除了茶包、蜂蜜），以大火略煮30秒，放入紅茶包，轉小火煮15秒後熄火。
3. 取出茶包，加入蜂蜜、白蘭地酒拌勻，即可倒入溫好的杯中享用。

熱桔茶

夏威夷水果茶

Tea

蜂蜜香柚茶

份量：200 c.c.

適合搭配茶點：
檸檬塔

可替代茶葉：
🍃 阿薩姆紅茶
🍃 錫蘭紅茶
🍃 大吉嶺紅茶
🍃 肯亞紅茶
🍃 祁門紅茶
🍃 台茶18號
🍃 台茶8號
🍃 蜜香紅茶
🍃 水果加味茶
🍃 花草加味茶

材料 *Ingredients*

阿薩姆紅茶茶包1包、水180c.c.、蜂蜜柚子醬20g.、新鮮檸檬香蜂草葉片3小片

做法 *Instructions*

1. 將水煮沸至100℃。
2. 茶杯溫熱，倒入熱開水，放入茶包加蓋浸泡3分鐘後取出茶包。
3. 加入蜂蜜柚子醬拌勻，點綴檸檬香蜂草即可享用。

貼心小提醒 *Tips*

市售蜂蜜柚子醬含有柚子果肉，豐富了紅茶的口感，唯建議適量即可，以免搶去紅茶的原味。

茶譜為香草行李提供

錫蘭蘋果茶

份量：300 c.c.

適合搭配茶點：
蘋果派

可替代茶葉：
- 阿薩姆紅茶
- 錫蘭紅茶
- 大吉嶺紅茶
- 肯亞紅茶
- 祁門紅茶
- 台茶18號
- 台茶8號
- 蜜香紅茶
- 水果加味茶
- 花草加味茶

材料 *Ingredients*
錫蘭紅茶葉6g.、水300c.c.、蘋果4～5片、白葡萄酒
少許

做法 *Instructions*
1. 將水煮沸至100℃。
2. 茶壺溫熱，放入茶葉，沖入熱開水加蓋浸泡3分鐘後
   濾出紅茶。
3. 蘋果片切成大小相同的三角形片狀。
4. 茶杯溫熱，取3小片蘋果先置於茶杯中，並滴入少許
   白葡萄酒。
5. 剩下的蘋果切片置於紅茶5分鐘，讓果香充分散發。
6. 蘋果紅茶倒入杯中即可享用。

貼心小提醒 *Tips*
切下來的蘋果未用之前，可泡於冰水中以免氧化。

茶譜為唐寧提供

東方俄羅斯果醬茶

份量：300 c.c.

適合搭配茶點：
水果奶油蛋糕

可替代茶葉：
- 阿薩姆紅茶
- 錫蘭紅茶
- 大吉嶺紅茶
- 肯亞紅茶
- 祁門紅茶
- 台茶18號
- 台茶8號
- 蜜香紅茶
- 水果加味茶
- 花草加味茶

材料 *Ingredients*
東方之夜調和茶葉6g.、水300c.c.、玫瑰蔓越莓果醬2匙

做法 *Instructions*
1. 將水煮沸至100℃。
2. 茶壺溫熱，放入茶葉，沖入熱開水加蓋浸泡3分鐘後濾出紅茶。
3. 茶杯溫熱，杯內放入2匙果醬，倒入紅茶攪拌均勻即可享用。

紅茶小語 *Tea Story*
俄羅斯人喝紅茶的習慣，都是將紅茶放在有金屬柄的玻璃杯中純飲，在喝茶之前，要先把一塊糖或一茶匙果醬放進嘴裡，或是在泡一壺濃濃的茶，要喝時倒少許在茶杯中，然後沖上開水，隨各人喜好加水調上濃淡。

貼心小提醒 *Tips*
玫瑰蔓越莓果醬也可以換成柑橘果醬，別有一番清新鮮美滋味。

東方之夜調和茶
以玫瑰花、金盞花、矢車菊及多種水果香氣，調合紅茶及綠茶而成。

茶譜為卡提撒克提供

CUTTY SARK
SINCE 1980
玫瑰蔓越莓
Rose & Cranberry

茶譜為卡提撤克提供

Tea
香柚伯爵茶
份量：370 c.c.

適合搭配茶點：
栗子蛋糕

可替代茶葉：
↯ 阿薩姆紅茶
↯ 錫蘭紅茶
↯ 大吉嶺紅茶
↯ 肯亞紅茶
↯ 祁門紅茶
↯ 台茶18號
↯ 台茶8號
↯ 蜜香紅茶
↯ 水果加味茶
↯ 花草加味茶

材料 Ingredients
經典伯爵茶葉6g.、水300c.c.、葡萄柚(西柚)薄片2
片、鮮搾葡萄柚汁50c.c.、果糖20c.c.

做法 Instructions
1. 將水煮沸至100℃。
2. 茶壺溫熱，放入茶葉、葡萄柚薄片，沖入熱開水
   加蓋浸泡3分鐘後濾出紅茶。
3. 茶杯溫熱，杯內加入鮮搾葡萄柚汁25 c.c.、果糖
   10c.c.攪拌均勻，倒入紅茶拌勻即可享用。

貼心小提醒 Tips
可以在飲用前將新鮮
葡萄柚薄片放入杯中
裝飾，茶湯滋味會更
加清香鮮甜。

經典伯爵茶
以伯爵茶原有的佛手柑香氣
為主，添加了矢車菊、金盞
花及各種水果風味混調而成。

巧克力薄荷紅茶

份量：300 c.c.

適合搭配茶點：
提拉米蘇

可替代茶葉：
- 阿薩姆紅茶
- 錫蘭紅茶
- 大吉嶺紅茶
- 肯亞紅茶
- 祁門紅茶
- 台茶18號
- 台茶8號
- 蜜香紅茶
- 水果加味茶
- 花草加味茶

茶譜為香草行李提供

材料 *Ingredients*

巧克力薄荷調和紅茶葉5g.、水300c.c.、新鮮薄荷葉4片

做法 *Instructions*

1. 將水煮沸至100℃。
2. 茶壺溫熱，放入茶葉，沖入熱開水加蓋浸泡3分鐘後濾出紅茶。
3. 茶杯溫熱，倒入紅茶，點綴薄荷葉即可享用。

貼心小提醒 *Tips*
用巧克力薄荷調和而成的紅茶，不需加糖才是最佳喝法。

巧克力薄荷紅茶
由巧克力薄荷與紅茶混合而成。

童年假日茶

份量：300 c.c.

適合搭配茶點：
鮮奶油戚風蛋糕

可替代茶葉：
- 阿薩姆紅茶
- 錫蘭紅茶
- 大吉嶺紅茶
- 肯亞紅茶
- 祁門紅茶
- 台茶18號
- 台茶8號
- 蜜香紅茶
- 水果加味茶
- 花草加味茶

茶譜為香草行李提供

材料 *Ingredients*
哈尼假日茶6g.、水300c.c.、糖棒1支

做法 *Instructions*
1. 將水煮沸至100℃。
2. 茶壺溫熱，放入茶葉，沖入熱開水加蓋浸泡3分鐘後濾出紅茶。
3. 茶杯溫熱，倒入紅茶，放上1支糖棒即可享用。

貼心小提醒 *Tips*
糖棒是將攪拌器與糖合為一體的器具，可直接在紅茶中攪拌，以增加甜味。

哈尼假日茶
結合中國和印度紅茶與乾燥的蔓越、柑橘的酸甜風味。

茶譜為香草行李提供

維也納蘭姆紅茶

份量：150 c.c.

適合搭配茶點：
水果磅蛋糕

可替代茶葉：
- 阿薩姆紅茶
- 錫蘭紅茶
- 大吉嶺紅茶
- 肯亞紅茶
- 祁門紅茶
- 台茶18號
- 台茶8號
- 蜜香紅茶
- 水果加味茶
- 花草加味茶

材料 *Ingredients*

陽光禮讚調和茶包1包、水150c.c.、蘭姆酒2c.c.、
太妃糖1顆、鮮奶油適量

做法 *Instructions*

1. 將水煮沸至100℃。
2. 茶壺溫熱，倒入熱開水，放入茶包加蓋浸泡3分鐘
   後取出茶包。
3. 茶杯溫熱，杯內加入蘭姆酒，添加一顆太妃糖，
   倒入紅茶。
4. 紅茶上擠滿鮮奶油即可享用。

貼心小提醒 *Tips*

若臨時沒有太妃糖，
換成牛奶糖也很OK。

陽光禮讚調和茶
由肯亞紅茶、阿薩姆紅
茶及錫蘭紅茶依獨特比
例搭配而成。

鮮檸薄荷熱紅茶

份量：300 c.c.

適合搭配茶點：

檸檬塔

可替代茶葉：
- 阿薩姆紅茶
- 錫蘭紅茶
- 大吉嶺紅茶
- 肯亞紅茶
- 祁門紅茶
- 台茶18號
- 台茶8號
- 蜜香紅茶
- 水果加味茶
- 花草加味茶

材料 *Ingredients*

錫蘭紅茶葉6g.、水300c.c.、檸檬薄片6小片、新鮮薄荷葉6片、碎冰糖小塊6～8塊

做法 *Instructions*

1. 將水煮沸至100℃。
2. 檸檬切成0.3公分薄片後，再切成6等份備用。
3. 茶壺溫熱，放入茶葉、新鮮薄荷葉4片、檸檬2小片，沖入熱開水加蓋浸泡3分鐘後濾出紅茶備用。
4. 茶杯溫熱，放入冰糖2～3塊、2片新鮮薄荷葉、1小片檸檬。
5. 將濾出的紅茶注入杯中即可享用。

貼心小提醒 *Tips*

1. 為了避免冰冷的茶壺讓倒進去的熱水快速降溫，影響泡茶的品質，等水滾到氣泡變成魚眼大小時，倒一些熱水將準備要沖茶用的茶壺、茶杯、濾網等器具倒滿熱水，靜置1分鐘再倒出，做好溫壺、溫杯等動作，有利紅茶的茶湯更有滋味。
2. 飲用前輕輕攪拌讓碎冰糖融入茶水後，取出杯中的薄荷葉及檸檬片，茶湯更加美味。

溫杯

新鮮水果茶

份量：400 c.c.

適合搭配茶點：
輕乳酪蛋糕

可替代茶葉：
- 阿薩姆紅茶
- 錫蘭紅茶
- 大吉嶺紅茶
- 肯亞紅茶
- 祁門紅茶
- 台茶18號
- 台茶8號
- 蜜香紅茶
- 水果加味茶
- 花草加味茶

材料 *Ingredients*

蜜香紅茶茶包2包、水150c.c.、柳橙2又1/3個、柳橙果肉10g.、檸檬1/6個、檸檬果肉10g.、蘋果10g.、鳳梨10g.、糖水30c.c.、冰塊200g.

做法 *Instructions*

1. 柳橙洗淨，取2又1/3個壓汁成約100c.c.；柳橙果肉切小丁；檸檬洗淨，取1/6個壓汁成約5c.c.，檸
2. 檬果肉切小丁；蘋果洗淨去皮，去核籽後取10g.果肉切小丁；鳳梨果肉切小丁，將所有水果丁放入杯中。
3. 水煮沸至100℃。
4. 茶壺溫熱，倒入熱開水，放入紅茶包，加蓋浸泡5分鐘後取出茶包。
5. 雪克杯倒入紅茶、柳橙汁、檸檬汁、糖水及冰塊搖晃均勻，倒入冰鎮好的杯中即可享用。

冰桔茶

份量：350 c.c.

適合搭配茶點：
橙香蛋糕

可替代茶葉：
- 阿薩姆紅茶
- 錫蘭紅茶
- 大吉嶺紅茶
- 肯亞紅茶
- 祁門紅茶
- 台茶18號
- 台茶8號
- 蜜香紅茶
- 水果加味茶
- 花草加味茶

材料 *Ingredients*

祁門紅茶包2包、水150c.c.、金桔7粒、柳橙2個、檸檬1/6個、桔子果醬6g.、蜂蜜30c.c.、冰塊200g.

做法 *Instructions*

1. 金桔洗淨對切，壓汁約30c.c.，將金桔皮放入杯中；柳橙洗淨對切，壓汁成約90c.c.；檸檬洗淨，取1/6個壓汁成約5c.c.。
2. 水煮沸至100℃。
3. 茶壺溫熱，倒入熱開水，放入紅茶包，加蓋浸泡3分鐘後取出茶包。
4. 雪克杯中倒入紅茶、桔子果醬，攪拌至溶解，再加入金桔汁、柳橙汁、檸檬汁、蜂蜜及冰塊搖晃均勻，倒入冰鎮好的杯中即可享用。

新鮮水果茶

冰桔茶

Tea

葡萄柚冰茶

份量：350 c.c.

適合搭配茶點：
柚子蛋糕

可替代茶葉：
- 阿薩姆紅茶
- 錫蘭紅茶
- 大吉嶺紅茶
- 肯亞紅茶
- 祁門紅茶
- 台茶18號
- 台茶8號
- 蜜香紅茶
- 水果加味茶
- 花草加味茶

材料 *Ingredients*

阿薩姆紅茶葉10g.、水100c.c.、葡萄柚(西柚)150g.、
檸檬1/6個、白蘭姆酒30c.c.、糖水15c.c.、冰塊
200g.

做法 *Instructions*

1. 水煮沸至100℃。
2. 茶壺溫熱，放入茶葉，倒入熱開水，加蓋浸泡5分
   鐘後濾出紅茶。
3. 葡萄柚洗淨，取150g.壓汁成約75c.c.；檸檬洗
   淨，取1/6個壓汁成約5c.c.。
4. 雪克杯中倒入熱紅茶、葡萄柚汁、檸檬汁、白蘭
   姆酒、糖水及冰塊搖晃均勻，倒入冰鎮好的杯中
   即可享用。

茶譜為四季茶館提供

蜜香玫瑰冰茶

份量：400 c.c.

適合搭配茶點：
甜甜圈

可替代茶葉：
- 阿薩姆紅茶
- 錫蘭紅茶
- 大吉嶺紅茶
- 肯亞紅茶
- 祁門紅茶
- 台茶18號
- 台茶8號
- 蜜香紅茶
- 水果加味茶
- 花草加味茶

材料 *Ingredients*
蜜香紅茶葉8g.、水150c.c.、乾燥有機玫瑰花苞4朵、碎冰230 g.、玫瑰花果醬10 g.、蜂蜜15 g.、裝飾用新鮮食用玫瑰花瓣10片

做法 *Instructions*
1. 將水煮沸至100℃。
2. 茶壺溫熱，放入茶葉、玫瑰花苞，沖入熱開水加蓋浸泡8分鐘後濾出紅茶，放涼後置冰箱冰鎮。
3. 雪克杯放入200c.c.碎冰塊、紅茶、玫瑰花果醬、蜂蜜搖晃均勻。
4. 茶杯冰鎮，放入30c.c.碎冰塊，倒入玫瑰紅茶。
5. 撒上玫瑰花瓣即可享用。

貼心小提醒 *Tips*
選擇玫瑰花苞要注意是否新鮮，因為玫瑰常灑很重的農藥，建議選擇無農藥或有機的食用玫瑰較為安全。目前南投縣埔里鎮有幾家種植食用玫瑰的農場可供選擇。

櫻桃方塊茶

份量：350 c.c.

適合搭配茶點：
焦糖蛋塔

可替代茶葉：
- 阿薩姆紅茶
- 錫蘭紅茶
- 大吉嶺紅茶
- 肯亞紅茶
- 祁門紅茶
- 台茶18號
- 台茶8號
- 蜜香紅茶
- 水果加味茶
- 花草加味茶

材料 *Ingredients*

阿薩姆紅茶葉5g.、水90c.c.、櫻桃20粒、蜂蜜30c.c.
、冰水30g.

做法 *Instructions*

1. 櫻桃洗淨去蒂，去籽對切後加入開水至150c.c.，
   倒入製冰盒，放入冰箱冷凍結成冰塊備用。
2. 將水煮沸至100℃。
3. 茶壺溫熱，放入茶葉，倒入熱開水，加蓋浸泡3分
   鐘後濾出紅茶。
4. 雪克杯加入紅茶、蜂蜜及冰水拌勻後，加入櫻桃
   冰塊搖晃均勻，倒入冰鎮好的杯中即可享用。

貼心小提醒 *Tips*

將喜歡的水果壓汁
後，放入製冰盒製
成冰塊，再加入調味
材料搖出獨特的冰塊
茶，增添紅茶的新鮮
滋味。

百樂霜雪茶

份量：350 c.c.

適合搭配茶點：
磅蛋糕

可替代茶葉：
- 阿薩姆紅茶
- 錫蘭紅茶
- 大吉嶺紅茶
- 肯亞紅茶
- 祁門紅茶
- 台茶18號
- 台茶8號
- 蜜香紅茶
- 水果加味茶
- 花草加味茶

材料 *Ingredients*

大吉嶺紅茶葉8g.、水80c.c.、檸檬1/6個、芭樂汁90c.c.、鳳梨汁15c.c.、蜂蜜30c.c.、冰塊200g.

做法 *Instructions*

1. 檸檬洗淨，取1/6個壓汁成約5c.c.。
2. 將水煮沸至100℃。
3. 茶壺溫熱，放入茶葉，倒入熱開水，加蓋浸泡3分鐘後濾出紅茶。
4. 雪克杯加入紅茶、芭樂汁、檸檬汁、鳳梨汁、蜂蜜及冰塊搖晃均勻，倒入冰鎮好的杯中即可。

貼心小提醒 *Tips*

就像喝熱紅茶一樣要溫杯，喝冰茶也建議要冰杯。可以將杯子過一下冰水或將杯子放入冷藏室或冷凍庫冰一下，這樣注入冰紅茶時，才不會因為杯子和冰茶的溫度差太多而覺得不冰。

紅酒冰茶

份量：120 c.c.

適合搭配茶點：
草莓奶油蛋糕

可替代茶葉：

- ↘ 阿薩姆紅茶
- ↘ 錫蘭紅茶
- ↘ 大吉嶺紅茶
- ↘ 肯亞紅茶
- ↘ 祁門紅茶
- ↘ 台茶18號
- ↘ 台茶8號
- ↘ 蜜香紅茶
- ↘ 水果加味茶
- ↘ 花草加味茶

茶譜為香草行李提供

材料 *Ingredients*

大吉嶺紅茶葉6g.、水50c.c.、碎冰50g.、蜂蜜6g.、紅葡萄酒20c.c.(酒精濃度12.5%以上)、裝飾用新鮮橙皮

做法 *Instructions*

1. 將水煮沸至100℃。
2. 茶壺溫熱，放入茶葉，沖入熱開水加蓋浸泡5分鐘後濾出紅茶。
3. 雪克杯放入碎冰塊、紅茶、蜂蜜搖晃均勻。
4. 紅酒杯冰鎮，加上碎冰倒入蜂蜜紅茶至6分滿。
5. 沿著杯緣倒入紅葡萄酒，以橙皮裝飾於杯口即可享用。

貼心小提醒 *Tips*

這樣的做法很輕易地就可以將難以入喉的廉價紅酒、或是放到酸掉的隔夜酒，變成酸甜好喝的冰茶。而且紅酒含有抗氧化的花青素，也比一般的酒更有益健康。

茶譜為卡提撒克提供

大吉嶺氣泡冰茶

份量：470 c.c.

適合搭配茶點：
香草泡芙

可替代茶葉：

- 阿薩姆紅茶
- 錫蘭紅茶
- 大吉嶺紅茶
- 肯亞紅茶
- 祁門紅茶
- 台茶18號
- 台茶8號
- 蜜香紅茶
- 水果加味茶
- 花草加味茶

材料 *Ingredients*

大吉嶺紅茶葉6g.、水200c.c.、糖水20c.c.、冰塊200g.、無糖氣泡水50c.c.、新鮮薄荷葉1片

做法 *Instructions*

1. 將水煮沸至100℃。
2. 茶壺溫熱，放入茶葉，沖入熱開水加蓋浸泡3分鐘後濾出紅茶。
3. 茶杯冰鎮，加入糖水、冰塊，倒入紅茶至7分滿。
4. 加入無糖氣泡水至9分滿，最後將1片新鮮薄荷葉裝飾於杯口即可享用。

貼心小提醒 *Tips*

飲用前輕輕攪拌均勻，讓氣泡水、糖水與茶湯完全融合後，滋味最為可口。如果不喜愛甜味，也可以不添加糖水，另有一番滋味。

古早味冰紅茶

份量：3000 c.c.

適合搭配茶點：
起司蛋糕、波士頓派

可替代茶葉：
- 阿薩姆紅茶
- 錫蘭紅茶
- 大吉嶺紅茶
- 肯亞紅茶
- 祁門紅茶
- 台茶18號
- 台茶8號
- 蜜香紅茶
- 水果加味茶
- 花草加味茶

材料 *Ingredients*

阿薩姆紅茶40g.、決明子10g.、大麥10g.、水3000c.c.、
糖膏150c.c.、二砂糖(黃砂糖)250g.、碎冰適量

做法 *Instructions*

1. 調古早味紅茶：在平底鍋內放進決明子、大麥，以中火
   翻炒2分鐘後轉小火翻炒3分鐘，至聞到淡淡麥香，熄火
   加入紅茶葉，待涼裝入大濾袋中成紅茶茶包備用。
2. 準備5公升大小的鍋子，倒入新鮮冷開水以大火煮至沸
   騰，放入紅茶茶包完全浸泡後馬上熄火，加蓋浸泡大約
   15分鐘取出茶包待涼備用。
3. 糖膏加入冷紅茶鍋中充分攪拌均勻，放置冰箱冰鎮。
4. 茶杯冰鎮，加入適量碎冰，倒入冰紅茶即可享用。

紅茶小語 *Tea Story*

滿街流行的紅茶冰，或是紅茶凍，其實就是這種古早味紅茶。
這是最早以前的紅茶吃法，後來因為很多調味茶開始在台灣流
行，古早味紅茶才漸漸式微。

古早味紅茶可以買現成的茶包，也可以自行用紅茶茶葉、大
麥、決明子調配出最適合自己的味道。而古早味紅茶最重要的
配角就是糖膏，千萬別覺得糖膏太多，糖膏不夠喝起來會覺得
苦苦的。泡好的紅茶，一時喝不完可以做成「紅茶冰磚」，想
喝時，取出紅茶冰磚，再加一些紅茶，就很好喝了。

貼心小提醒 *Tips*

1. 古早味紅茶就是要大鍋煮才好喝。取出茶包時,切勿擠壓,
   否則茶湯易有苦澀味。

2. 決明子久泡會有苦味,製作茶包時也可將紅茶加大麥,決明
   子另外包,浸泡6分鐘時先取出決明子。

3. 糖膏做法:二號紅砂糖200g.加上80c.c.的冷開水,以中火煮
   到糖完全融化後轉小火,漸漸變咖啡色時輕輕畫圈攪拌均勻
   熄火,即是糖膏,待涼即可使用。留意火候和時間,勿熬煮
   過久,會有焦苦味。

茶譜為和菓森林提供

Tea

柳橙冰紅茶

份量：400 c.c.

適合搭配茶點：
水果千層派

可替代茶葉：
- 阿薩姆紅茶
- 錫蘭紅茶
- 大吉嶺紅茶
- 肯亞紅茶
- 祁門紅茶
- 台茶18號
- 台茶8號
- 蜜香紅茶
- 水果加味茶
- 花草加味茶

材料 *Ingredients*

台茶8號茶葉8g.、果粒茶2g.、水120c.c.、柳橙2
顆、碎冰230 g.、蜂蜜15 g.

做法 *Instructions*

1. 將水煮沸至100℃。
2. 茶壺溫熱，放入茶葉、果粒茶，沖入熱開水加蓋浸泡5～8分鐘後濾出紅茶。
3. 柳橙對切，先切1片薄片做為裝飾用，其餘搾汁並過濾去籽備用。
4. 雪克杯放入200g.碎冰塊、紅茶、蜂蜜搖晃均勻。
5. 茶杯冰鎮，加入柳橙薄片、30g.冰塊、蜂蜜紅茶，再將柳橙汁沿杯緣倒入即可享用。

貼心小提醒 *Tips*

加上2g.果粒茶大約
是食指和大拇指輕捏
一點的量，目的在於
提味，讓冰茶的口味
層次更豐富，請勿添
加過多，會搶去紅茶
的原味。柳橙可以葡
萄柚替代，或以奇異
果、蘋果、草莓等切
成丁加入亦可。

茶譜為香草行李提供

盛夏冰沙紅茶

份量：420 c.c.

適合搭配茶點：
香草泡芙

可替代茶葉：
↙ 阿薩姆紅茶
↙ 錫蘭紅茶
↙ 大吉嶺紅茶
↙ 肯亞紅茶
↙ 祁門紅茶
↙ 台茶18號
↙ 台茶8號
↙ 蜜香紅茶
↙ 水果加味茶
↙ 花草加味茶

材料 *Ingredients*

阿薩姆紅茶葉8g.、果粒茶12g.、水200c.c.、冰塊
200 g.、砂糖12g.、蜂蜜10g.、新鮮薄荷適量

做法 *Instructions*

1. 將水煮沸至100℃。
2. 果粒茶放入茶壺，取120c.c.熱開水沖泡加蓋10
   分鐘，加入砂糖攪拌濾出果粒茶，放涼後倒入方
   型製冰盒冰凍5小時成果粒茶冰塊備用。
3. 茶壺溫熱，放入茶葉，沖入80c.c.熱開水加蓋浸
   泡5分鐘後濾出紅茶。
4. 雪克杯放入冰塊、蜂蜜、紅茶搖晃均勻備用。
5. 果粒茶冰塊以調理機打成冰沙，放入冰鎮好的杯
   中，再加入冰紅茶，點綴新鮮薄荷葉即可享用。

貼心小提醒 *Tips*

果粒茶酸甜的口味很
適合在夏天飲用，不
過要特別注意，果粒
茶份量千萬不要太
多，以免蓋過紅茶的
香氣。

漂浮冰紅茶

份量：420 c.c.

適合搭配茶點：
法式莓果甜派

可替代茶葉：
- 阿薩姆紅茶
- 錫蘭紅茶
- 大吉嶺紅茶
- 肯亞紅茶
- 祁門紅茶
- 台茶18號
- 台茶8號
- 蜜香紅茶
- 水果加味茶
- 花草加味茶

材料 *Ingredients*

阿薩姆紅茶葉8g.、水120c.c.、碎冰300g.、蜂蜜8g.、
香草冰淇淋1球

做法 *Instructions*

1. 將水煮沸至100℃。
2. 茶壺溫熱，放入茶葉，沖入熱開水加蓋浸泡5～8分鐘
   後濾出紅茶，放涼後置冰箱冰鎮。
3. 雪克杯放入碎冰、冰紅茶、蜂蜜搖勻。
4. 茶杯冰鎮，加入冰紅茶、1球香草冰淇淋即可享用。

貼心小提醒 *Tips*

若是不想用冰塊稀釋掉紅茶的濃度，除了將紅茶泡濃一點外，
另一個做法就是直接將紅茶放涼後，放到冰箱去冰鎮。冰鎮的
過程至少都要冰到5小時以上，紅茶才會完全涼透。

茶譜為香草行李提供

蜜香薰衣草奶酪冰茶

份量：400 c.c.

適合搭配茶點：
香草泡芙

可替代茶葉：
- 阿薩姆紅茶
- 錫蘭紅茶
- 大吉嶺紅茶
- 肯亞紅茶
- 祁門紅茶
- 台茶18號
- 台茶8號
- 蜜香紅茶
- 水果加味茶
- 花草加味茶

材料 Ingredients

蜜香紅茶葉8g.、水150c.c.、薰衣草3g.、碎冰230 g.、
蜂蜜10g.、市售鮮奶酪1個

做法 Instructions

1. 將水煮沸至100℃。
2. 茶壺溫熱，放入茶葉、薰衣草，沖入熱開水加蓋浸泡8
   分鐘後濾出紅茶。
3. 雪克杯放入200g.碎冰塊、紅茶、蜂蜜搖晃均勻。
   茶杯冰鎮，放入30g.冰塊，放進鮮奶酪，倒入紅茶，
   點綴薰衣草做裝飾即可享用。

貼心小提醒 Tips

蜜香紅茶帶一點甜味，不建議用味道太重的香草搭配。薰衣草
的味道不太會搶過紅茶的香氣，是比較適合的。

茶譜為嘉茗茶園提供

冰紅茶雞尾酒

份量：200 c.c.

適合搭配茶點：
法式水果香草泡芙

可替代茶葉：
- 阿薩姆紅茶
- 錫蘭紅茶
- 大吉嶺紅茶
- 肯亞紅茶
- 祁門紅茶
- 台茶18號
- 台茶8號
- 蜜香紅茶
- 水果加味茶
- 花草加味茶

材料 *Ingredients*

祁門紅茶葉7g、水160c.c.、碎冰適量、葡萄汁20c.c.、檸檬汁20c.c.、蜂蜜10g、蘭姆酒6c.c.、白糖6g、新鮮檸檬馬鞭草帶枝葉一串

做法 *Instructions*

1. 茶壺溫熱，放入茶葉，沖入熱開水浸泡5分鐘後濾出紅茶備用。
2. 雪克杯放入碎冰、紅茶、葡萄汁、檸檬汁、蜂蜜、5c.c.蘭姆酒搖晃均勻。
3. 茶杯冰鎮，在杯口塗上一圈蘭姆酒，準備一個平底盤裝上白糖，把杯子倒扣沾滿白糖。
4. 雪克杯中的冰茶倒入雞尾酒杯中，以新鮮檸檬馬鞭草裝飾後即可享用。

貼心小提醒 *Tips*

建議使用細砂糖，一般常見的特砂白糖顆粒過粗，較容易影響口感。

茶譜為香草行李提供

73

熱帶水果雞尾酒

份量：150 c.c.

適合搭配茶點：
西洋梨甜派

可替代茶葉：
- 阿薩姆紅茶
- 錫蘭紅茶
- 大吉嶺紅茶
- 肯亞紅茶
- 祁門紅茶
- 台茶18號
- 台茶8號
- 蜜香紅茶
- 水果加味茶
- 花草加味茶

材料 *Ingredients*

格瑞納達茶葉3g.、水100c.c.、木瓜、芒果、奇異果、楊桃等水果適量、蘇打汽水50c.c.、糖漿適量、新鮮薄荷葉適量

做法 *Instructions*

1. 將水煮沸至100℃。
2. 茶壺溫熱，放入茶葉，沖入熱開水加蓋浸泡5～8分鐘後濾出紅茶，放涼後置於冰箱冰鎮。
3. 將木瓜、芒果切塊、奇異果、楊桃切片備用。
4. 茶杯冰鎮，放入所有水果，加入紅茶、蘇打汽水、糖漿，以薄荷葉來裝飾即可享用。

貼心小提醒 *Tips*

杯中選用當季水果，最能顯現這款紅茶雞尾酒的特色。不妨試試不同水果的搭配，創造屬於自己的口味。

格瑞納達茶葉
在番石榴調味的紅茶中混入豐富的木瓜果肉，並加入紫、黃、紅色的花朵。

茶譜為綠碧紅茶苑提供

桃子紅茶雞尾酒

份量：150 c.c.

適合搭配茶點：
苦甜巧克力

可替代茶葉：
- 阿薩姆紅茶
- 錫蘭紅茶
- 大吉嶺紅茶
- 肯亞紅茶
- 祁門紅茶
- 台茶18號
- 台茶8號
- 蜜香紅茶
- 水果加味茶
- 花草加味茶

材料 *Ingredients*

香檳玫瑰茶葉3g.、水100c.c.、罐頭蜜桃1～2片、糖漿50c.c.、香檳適量

做法 *Instructions*

1. 將水煮沸至100℃。
2. 茶壺溫熱，放入茶葉，沖入熱開水加蓋浸泡5～8分鐘後濾出紅茶，放涼後置於冰箱冰鎮。
3. 將切好的蜜桃1～2片放入杯中，加入糖漿，放進冰箱冷凍5分鐘。
4. 取出冰杯，倒入冰紅茶，加入些許香檳即可享用。

貼心小提醒 *Tips*

經過冷凍的蜜桃，口感較好，更添這款飲料的獨特性。

香檳玫瑰茶葉
紅茶、草莓乾果粒、粉紅及銀色銀糖粒混合而成。

茶譜為綠碧紅茶苑提供

黑醋栗藍莓雞尾酒

份量：100 c.c.

適合搭配茶點：
栗子蒙布朗

可替代茶葉：
- 阿薩姆紅茶
- 錫蘭紅茶
- 大吉嶺紅茶
- 肯亞紅茶
- 祁門紅茶
- 台茶18號
- 台茶8號
- 蜜香紅茶
- 水果加味茶
- 花草加味茶

材料 *Ingredients*

黑醋栗藍莓茶葉3g.、水100c.c.、糖漿適量、碎冰適
量、琴酒(氈酒)適量、藍莓2～3粒

做法 *Instructions*

1. 將水煮沸至100℃。
2. 茶壺溫熱，放入茶葉，沖入熱開水加蓋浸泡5～8分鐘
   後濾出紅茶，放涼後加入糖漿，置於冰箱冰鎮。
3. 雞尾酒杯中加入碎冰，倒入紅茶、琴酒，並以藍莓裝
   飾即可享用。

貼心小提醒 *Tips*

藍莓可以在Costco買到新鮮的，如果沒有藍莓，省略亦可。

黑醋栗藍莓茶葉
由紅茶、黑醋栗乾、藍
莓果乾混合而成。

世紀婚禮冰茶

份量：510 c.c.

適合搭配茶點：
水果千層派

可替代茶葉：
- 阿薩姆紅茶
- 錫蘭紅茶
- 大吉嶺紅茶
- 肯亞紅茶
- 祁門紅茶
- 台茶18號
- 台茶8號
- 蜜香紅茶
- 水果加味茶
- 花草加味茶

材料 Ingredients

TWG世紀婚禮調和茶葉8g.、水400c.c.、碎冰100g.、蜂蜜10g.、新鮮食用花5朵（香菫）

做法 Instructions

1. 將水煮沸至100℃。
2. 茶壺溫熱，放入茶葉，沖入熱開水加蓋浸泡5分鐘後濾出紅茶，放涼後置冰箱冰鎮。
3. 雪克杯放入碎冰、紅茶、蜂蜜搖晃均勻。
4. 茶杯冰鎮，倒入紅茶，點綴5朵香菫即可享用。

貼心小提醒 Tips

如果沒有香菫，可以使用新鮮食用玫瑰或金盞花代替，只是記得要沖洗乾淨。

TWG 世紀婚禮調和茶
以錫蘭紅茶為基底，搭
配山茶花、珍貴稀有果
粒調合而成。

英式熱奶茶

份量：530 c.c.

適合搭配茶點：
杯子蛋糕

可替代茶葉：
- 阿薩姆紅茶
- 錫蘭紅茶
- 大吉嶺紅茶
- 肯亞紅茶
- 祁門紅茶
- 台茶18號
- 台茶8號
- 蜜香紅茶
- 水果加味茶
- 花草加味茶

材料 *Ingredients*
英式早餐茶葉16g.、鮮奶500c.c.、巧克力醬30c.c.

做法 *Instructions*
1. 單柄鍋中倒入鮮奶以小火煮至鍋邊滾出小泡，倒入巧克力醬攪拌至溶解。
2. 轉微火，加入紅茶葉煮3分鐘，熄火後濾出奶茶，將奶茶倒入溫過的杯中即可享用。

貼心小提醒 *Tips*
1. 煮巧克力醬、粉類等材料時，須邊煮邊攪拌，才不會黏鍋且溶解速度較快。
2. 英式奶茶強調茶及鮮奶味道，所以須選擇茶葉並採煮的方式，茶葉味道才能與鮮奶融合，茶葉種類通常採用OP或BOP早餐茶、伯爵茶等。

咖啡奶茶

份量：100 c.c.

適合搭配茶點：
蓮花脆餅

可替代茶葉：
- 阿薩姆紅茶
- 錫蘭紅茶
- 大吉嶺紅茶
- 肯亞紅茶
- 祁門紅茶
- 台茶18號
- 台茶8號
- 蜜香紅茶
- 水果加味茶
- 花草加味茶

材料 *Ingredients*
阿薩姆紅茶包1包、曼特寧咖啡70c.c.、鮮奶20c.c.、咖啡酒10c.c.、細砂糖8g.

做法 *Instructions*
1. 將煮好的咖啡倒入杯中，放入紅茶包浸泡1分鐘，取出茶包。
2. 加入鮮奶攪拌至溶解，倒入咖啡酒、細砂糖拌勻即可。

貼心小提醒 *Tips*
1. 製作奶茶時，必須先將所有粉類攪拌均勻後，再加入細砂糖（或蜂蜜）拌勻，否則粉類不容易溶解。
2. 咖啡種類可自由選擇，但建議使用香味較濃郁的曼特寧，沖泡出來的奶茶才夠味。

英式熱奶茶

咖啡奶茶

皇家奶茶

份量：430 c.c.

適合搭配茶點：
瑪德蓮

可替代茶葉：
- 阿薩姆紅茶
- 錫蘭紅茶
- 大吉嶺紅茶
- 肯亞紅茶
- 祁門紅茶
- 台茶18號
- 台茶8號
- 蜜香紅茶
- 水果加味茶
- 花草加味茶

材料 *Ingredients*

伯爵紅茶葉10g.、水250c.c.、鮮奶150c.c.、鮮奶油15c.c.、蜂蜜15c.c.、細砂糖8g.

做法 *Instructions*

1. 單柄鍋中倒入水、鮮奶及鮮奶油以小火煮至鍋邊滾出小泡。
2. 放入紅茶葉，以微火煮8分鐘，熄火後濾出奶茶，加入蜂蜜、細砂糖拌勻即可倒入溫好的杯中即可享用。

貼心小提醒 *Tips*

鮮奶油有動物性和植物性兩種，選擇含油脂成分較低的植物性奶油製作飲料，一般大型超市或材料行均可買到，用不完時需放冰箱冷藏。

斯里蘭卡奶茶

份量：500 c.c.

適合搭配茶點：
三明治

可替代茶葉：
- 阿薩姆紅茶
- 錫蘭紅茶
- 大吉嶺紅茶
- 肯亞紅茶
- 祁門紅茶
- 台茶18號
- 台茶8號
- 蜜香紅茶
- 水果加味茶
- 花草加味茶

材料 *Ingredients*
錫蘭紅茶葉16g.、鮮奶500c.c.、細砂糖8g.

做法 *Instructions*
1. 單柄鍋中倒入鮮奶以小火煮至鍋邊滾出小泡，放入錫蘭紅茶葉，轉微火煮5分鐘，熄火。
2. 取出茶渣後，加入細砂糖拌勻即可倒入杯中。

貼心小提醒 *Tips*
泡熱紅茶時，蜂蜜、糖水或砂糖一定要最後才加入，不可與茶葉或茶包一起沖泡。

福爾摩沙奶茶

Tea

份量：500 c.c.

適合搭配茶點：
草莓塔

可替代茶葉：
- 阿薩姆紅茶
- 錫蘭紅茶
- 大吉嶺紅茶
- 肯亞紅茶
- 祁門紅茶
- 台茶18號
- 台茶8號
- 蜜香紅茶
- 水果加味茶
- 花草加味茶

材料 *Ingredients*

台茶8號茶包3包、水300c.c.、巧克力醬30c.c.、鮮奶140c.c.、可可粉5g.、蜂蜜30c.c.

做法 *Instructions*

1. 將水煮沸至100℃，加入巧克力醬、鮮奶及可可粉以大火煮至溶解熄火。
2. 放入紅茶包浸泡3分鐘，取出茶包後加入蜂蜜拌勻，即可倒入溫熱好的杯用即可享用。

貼心小提醒 *Tips*

福爾摩沙奶茶用巧克力醬是較為簡便的方法，亦可使用巧克力塊來做。特別是78度左右的巧克力，口感更為獨特，而這款以台灣本地的紅茶來製作，更符合福爾摩沙的精神。

蘋果肉桂奶茶

份量：180 c.c.

適合搭配茶點：
香橙甜派

可替代茶葉：
- 阿薩姆紅茶
- 錫蘭紅茶
- 大吉嶺紅茶
- 肯亞紅茶
- 祁門紅茶
- 台茶18號
- 台茶8號
- 蜜香紅茶
- 水果加味茶
- 花草加味茶

茶譜為香草行李提供

材料 *Ingredients*

蘋果肉桂紅茶葉5g.、水100c.c.、肉桂片5g.、新鮮蘋果半顆、鮮奶70c.c.、肉桂紅糖粉6g.

做法 *Instructions*

1. 蘋果橫切1片薄片泡於冰水中備用，其餘去籽、切丁1公分立方。
2. 單柄鍋加入冷水、肉桂片、蘋果丁煮沸，放入茶葉以大火加熱至葉片全開後轉中火，加入鮮奶煮30秒熄火。
3. 熄火前加入5g.肉桂紅糖粉，以畫圓攪拌5圈後熄火濾出紅茶備用。
4. 茶杯溫熱後，倒入奶茶。
5. 蘋果橫切薄片1片撒上剩餘的1g.肉桂紅糖粉，放在奶茶上即可飲用。

貼心小提醒 *Tips*

肉桂紅糖粉可用一般的黑糖粉取代。肉桂不但是中藥材，也是常見的調味用料，更是享有盛名的健康食品，冬天天氣冷，來杯肉桂奶茶，全身都暖呼呼。

蘋果肉桂紅茶
精選調和紅茶，加上肉桂、蘋果、甜丁香等。

椰香熱奶茶

份量：300 c.c.

適合搭配茶點：
法式薄餅

可替代茶葉：
- 阿薩姆紅茶
- 錫蘭紅茶
- 大吉嶺紅茶
- 肯亞紅茶
- 祁門紅茶
- 台茶18號
- 台茶8號
- 蜜香紅茶
- 水果加味茶
- 花草加味茶

材料 *Ingredients*
阿薩姆紅茶包1包、水150c.c.、椰漿粉5g.、鮮奶65c.c.、椰子糖漿5 c.c.、蜂蜜4g.

做法 *Instructions*
1. 將水煮沸至100℃。
   單柄鍋加入30c.c.熱開水，加入過篩後的椰漿粉攪
2. 拌均勻，倒入鮮奶加溫至70℃熄火，加入椰子糖漿及2g.蜂蜜攪勻。
3. 茶杯溫熱，倒入熱開水120c.c.，放入茶包加蓋浸泡5分鐘後取出茶包。
4. 椰漿鮮奶加入紅茶中，再淋上2g.蜂蜜即可享用。

貼心小提醒 *Tips*
加入椰漿粉、椰子絲，是比較香濃的做法。簡便的做法可以直接用市售做東南亞料理的椰奶，直接煮紅茶，味道也很不錯。

杏仁熱奶茶

份量：240 c.c.

適合搭配茶點：
餅乾

可替代茶葉：
- 阿薩姆紅茶
- 錫蘭紅茶
- 大吉嶺紅茶
- 肯亞紅茶
- 祁門紅茶
- 台茶18號
- 台茶8號
- 蜜香紅茶
- 水果加味茶
- 花草加味茶

材料 *Ingredients*
錫蘭紅茶茶包1包、水110c.c.、鮮奶120c.c.、杏仁粉10g.、原味冰糖5g.

做法 *Instructions*
1. 將水煮沸至100℃。
   茶壺溫熱，倒入熱開水，放入茶包加蓋浸泡5分鐘後取出茶包。
2. 鮮奶加溫至70℃，加入杏仁粉、原味冰糖，加入紅茶拌勻後倒入溫好的杯中即可享用。

貼心小提醒 *Tips*
杏仁粉一定要攪散，才能溶於紅茶之中，否則容易結塊，影響口感。

椰香奶茶

杏仁熱奶茶

茶譜為香茶巷40號提供

Tea

迷迭香奶茶

份量：300 c.c.

適合搭配茶點：
蜂蜜蛋糕

可替代茶葉：
↙ 阿薩姆紅茶
↙ 錫蘭紅茶
↙ 大吉嶺紅茶
↙ 肯亞紅茶
↙ 祈門紅茶
↙ 台茶18號
↙ 台茶8號
↙ 蜜香紅茶
↙ 水果加味茶
↙ 花草加味茶

材料 *Ingredients*

台茶18號茶葉5g.、水150c.c.、鮮奶150c.c.、乾燥
迷迭香8g.、蜂蜜10g.、新鮮迷迭香1枝

做法 *Instructions*

1. 將水煮沸至100℃。
2. 單柄鍋加入鮮奶以中火加溫至80℃熄火，加入迷
   迭香浸泡5分鐘後濾出。
3. 茶壺溫熱，放入茶葉，沖入熱開水加蓋浸泡3分鐘
   後濾出紅茶。
4. 茶杯溫熱，倒入紅茶、迷迭香鮮奶及蜂蜜，點綴
   一枝新鮮迷迭香即可享用。

貼心小提醒 *Tips*

迷迭香勿浸泡過久易
產生苦味。

茶譜為香草行李提供

戀人奶茶

份量：350 c.c.

適合搭配茶點：
生巧克力

可替代茶葉：
- 阿薩姆紅茶
- 錫蘭紅茶
- 大吉嶺紅茶
- 肯亞紅茶
- 祈門紅茶
- 台茶18號
- 台茶8號
- 蜜香紅茶
- 水果加味茶
- 花草加味茶

材料 *Ingredients*

哈尼情人節茶葉6g.、水150c.c.、鮮奶200c.c.、焦糖漿8c.c..

做法 *Instructions*

1. 單柄鍋加入冷水煮至沸騰，加入茶葉至葉片全開，續煮1分鐘轉中火，加入120c.c.鮮奶，維持鍋緣茶湯冒出小泡滾動，以小火續煮1分鐘後熄火，濾出奶茶。
2. 單柄鍋加入80c.c.鮮奶以小火加溫到60℃，倒入小型電動打泡器中打出細緻奶泡。
3. 茶杯溫熱，倒入奶茶，加上奶泡，以焦糖漿在奶泡上畫兩個愛心立即享用

貼心小提醒 *Tips*

嚐戀人奶茶時，建議不要以湯匙混合攪拌飲用，先輕嚐奶泡的細緻口感，再細細品味濃郁的奶茶。

情人節茶
精選紅茶、玫瑰花瓣及巧克力薰香而成。

熱珍珠奶茶

份量：300 c.c.

適合搭配茶點：
蘇打餅乾、蜂蜜蛋糕

可替代茶葉：
↯ 阿薩姆紅茶
↯ 錫蘭紅茶
↯ 大吉嶺紅茶
↯ 肯亞紅茶
↯ 祈門紅茶
↯ 台茶18號
↯ 台茶8號
↯ 蜜香紅茶
↯ 水果加味茶
↯ 花草加味茶

材料 *Ingredients*

阿薩姆紅茶包1包、水200c.c.、黑糖粉圓20g.、鮮奶
160c.c.、黑糖粉8g.

做法 *Instructions*

1. 煮粉圓（請見貼心小提醒）。
2. 將水煮沸至100℃。
3. 茶壺溫熱，倒入熱開水，放入茶包加蓋浸泡5分鐘後取出茶包，倒入溫過杯中備用。
4. 鮮奶和黑糖粉加溫至70℃熄火，倒入紅茶中混合成奶茶。
5. 加入煮好的粉圓，附上一支稍長茶匙即可享用。

紅茶小語 *Tea Story*

這款全民性的飲料，已經紅到世界各地，有台灣人的地方，幾乎都有販售這飲料，且深受各國人士喜愛。早期台灣所謂粉圓是白色的，後來改用黑糖及地瓜粉製作。現在飲料店有所謂波霸粉圓及珍珠粉圓兩種，用以區分大珍珠及小珍珠。

至於珍珠奶茶是誰發明的，其實眾說紛紜。其中比較具可靠性的說法有二：一說台中泡沫紅茶店「春水堂」；另一說則是台南翰林茶館。不論事實究竟如何，珍珠奶茶現在已成為台灣最具代表性的國民飲料，卻是不爭的事實。

照片為香草行李提供

貼心小提醒 *Tips*

1. 粉圓煮法：水煮沸投入粉圓（煮粉圓一定要等熱水沸騰才放進去，不然會融化成粉），待粉圓浮起來，保持水沸騰，開始計時煮15分鐘，中間輕攪3～5次，15分鐘後熄火，蓋上鍋蓋燜15分鐘。煮好粉圓後要洗去表層黏膜（冬天用微溫水洗、夏天可用冰開水洗），洗好瀝去多餘的水分後加蜂蜜浸泡30分鐘（蜂蜜量蓋過珍珠，稍加拌勻）。

2. 鮮奶請勿加熱過頭，溫度控制在60℃以內，看到鍋邊冒出小泡時即可熄火。

Tea

西藏奶茶

份量：330 c.c.

適合搭配茶點：
手工餅乾

可替代茶葉：
- 阿薩姆紅茶
- 錫蘭紅茶
- 大吉嶺紅茶
- 肯亞紅茶
- 祁門紅茶
- 台茶18號
- 台茶8號
- 蜜香紅茶
- 水果加味茶
- 花草加味茶

材料 *Ingredients*

大吉嶺紅茶葉10g.、水150c.c.、核桃5粒、花生10粒、
鮮奶150c.c.、有鹽奶油15g.、原味冰糖12g.、喜馬拉雅
山玫瑰岩鹽2g.

做法 *Instructions*

1. 烤箱預熱至180℃，放入核桃和花生，以中火烘烤6分
   鐘至金黃色，放涼後以調理機磨細備用。
2. 單柄鍋放入冷水，以中火煮至沸騰，加入茶葉煮至葉
   片全開，轉小火加入鮮奶，維持鍋緣茶湯冒出小泡滾
   動，以小火續煮1分鐘後加入原味冰糖和有鹽奶油，待
   奶油溶化後熄火，濾出奶茶。
3. 茶碗溫熱，倒入奶茶，加入研磨過的核桃花生粉末，
   撒上玫瑰岩鹽攪拌後即可享用。

紅茶小語 *Tea Story*

世居高原的藏族人每日不能短少的酥油茶就是西藏奶茶，它
是一種鹹的奶茶。藏人在茶桶中加入鹽、酥油、茶葉、鮮奶
和核桃仁、花生攪拌均勻，倒入壺中煮沸，是最正統的酥油
茶。不過這種口味國人較難接受，改以奶油取代犛牛油，也
能喝到西藏奶茶溫暖的幸福。

貼心小提醒 *Tips*

此配方是以藏式奶茶為概念基礎自創改良，非傳統西藏奶茶。

祛寒薑汁奶茶

份量：300 c.c.

適合搭配茶點：
杏桃酥餅

可替代茶葉：
阿薩姆紅茶
錫蘭紅茶
大吉嶺紅茶
肯亞紅茶
祁門紅茶
台茶18號
台茶8號
蜜香紅茶
水果加味茶
花草加味茶

材料 *Ingredients*

祁門紅茶包2包、水150c.c.、乾燥老薑2g.、南薑黑糖塊10g.、鮮奶150c.c.、新鮮老薑切薄片1片

做法 *Instructions*

1. 單柄鍋加入鮮奶、乾燥老薑、南薑黑糖塊一起以小火慢煮加溫至80℃，並時而輕輕畫圈，攪拌至南薑黑糖塊完全融化。加溫至80℃熄火，5分鐘後濾出鮮奶，成薑汁鮮奶備用。
2. 茶壺溫熱，倒入熱開水，放入茶包加蓋浸泡3分鐘後取出茶包。
3. 茶杯溫熱，放入一片新鮮老薑薄片在杯底，再倒入薑汁鮮奶及紅茶拌均勻後即可享用。

貼心小提醒 *Tips*

這款飲品很適合在冬日飲用，不僅暖身暖胃也暖心。

茶譜為義式企業提供

約克夏奶茶

份量：450 c.c.

適合搭配茶點：
水果口味的可麗餅

可替代茶葉：
- 阿薩姆紅茶
- 錫蘭紅茶
- 大吉嶺紅茶
- 肯亞紅茶
- 祁門紅茶
- 台茶18號
- 台茶8號
- 蜜香紅茶
- 水果加味茶
- 花草加味茶

材料 *Ingredients*

約克夏奶茶茶包2包、水200c.c.、香草粉10g.、鮮奶200c.c.、杏桃果露45c.c.

做法 *Instructions*

1. 將水煮沸至100℃。
2. 茶壺溫熱，倒入熱開水，放入茶包加蓋浸泡2分鐘後取出茶包。
3. 紅茶放入單柄鍋中，加入香草粉、鮮奶，以中火加熱至鍋邊冒小泡。
4. 倒入杏桃果露攪拌均勻。
5. 茶杯溫熱，倒入奶茶即可享用。

貼心小提醒 *Tips*

若是愛好茶味偏重，茶包可以不用拿起，隨著浸泡的時間增加，茶味也會將更加濃郁香醇！

約克夏奶茶
調和來自非洲、阿薩姆和錫蘭等地多達 30 種的獨特配方紅茶。

夏威夷果奶茶

份量：160 c.c.

適合搭配茶點：
法式薄餅

可替代茶葉：
- 阿薩姆紅茶
- 錫蘭紅茶
- 大吉嶺紅茶
- 肯亞紅茶
- 祁門紅茶
- 台茶18號
- 台茶8號
- 蜜香紅茶
- 水果加味茶
- 花草加味茶

材料 *Ingredients*

皇家倫敦塔茶包1包、水80c.c.、鮮奶70c.c.、蜂蜜10 c.c.
、夏威夷果1顆、打發鮮奶油適量、可可粉少許

做法 *Instructions*

1. 將水煮沸至100℃。
2. 茶壺溫熱，倒入熱開水，放入茶包加蓋浸泡5分鐘後
   取出茶包。
3. 鮮奶隔水加熱至35～40℃，夏威夷果壓碎備用。
   茶杯溫熱，倒入紅茶、鮮奶，再加入蜂蜜攪拌均
   勻，擠上打發鮮奶油，以小濾網過篩，撒上少許可
   可粉和夏威夷果仁即可享用。

貼心小提醒 *Tips*

夏威夷果是一種原產
於澳洲的堅果，別名
昆士蘭果或澳洲胡
桃。其含油量高達
$60～80\%$，還含有豐
富的鈣、磷、鐵、
維生素B_1、B_2和氨基
酸。

皇家倫敦塔紅茶
鮮採調和紅茶、堅果、
佛手柑和蜂蜜薰香而成。

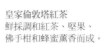

皇家馬沙拉奶茶

份量：400 c.c.

適合搭配茶點：
起司蛋糕

可替代茶葉：
- 阿薩姆紅茶
- 錫蘭紅茶
- 大吉嶺紅茶
- 肯亞紅茶
- 祁門紅茶
- 台茶18號
- 台茶8號
- 蜜香紅茶
- 水果加味茶
- 花草加味茶

材料 *Ingredients*

馬沙拉香料茶葉12g.、水200c.c.、鮮奶200c.c.、糖8g.

做法 *Instructions*

1. 單柄鍋加入開水，以大火煮沸。
2. 加入茶葉，並以小火煮1分鐘。
3. 加入鮮奶攪拌均勻，以小火煮30秒後熄火，加蓋浸泡3分鐘濾出奶茶。
4. 茶杯溫熱，倒入奶茶，加入砂糖攪拌均勻即可享用。

貼心小提醒 *Tips*

1. 喜歡辛香料味重的人，還可以在已煮好的馬沙拉奶茶上輕灑上肉桂粉或小荳蔻粉，香料茶奶茶滋味將更加香濃道地！
2. 可用下列辛香料，依個人的偏好，以不同的比例調配出屬於自己的私房馬沙拉香料茶：小荳蔻、茴香籽、肉桂、薑、月桂葉、丁香、黑胡椒

馬沙拉香料茶
以肉桂、荳蔻、丁香等各式香料混調而成的知名印度茶品。

Tea

伯爵咖啡

份量：200 c.c.

適合搭配茶點：
蘋果甜塔

可替代茶葉：
- 阿薩姆紅茶
- 錫蘭紅茶
- 大吉嶺紅茶
- 肯亞紅茶
- 祁門紅茶
- 台茶18號
- 台茶8號
- 蜜香紅茶
- 水果加味茶
- 花草加味茶

材料 *Ingredients*

伯爵茶葉3g.、水150c.c.、黑咖啡120c.c.、煉奶20c.c.
、打發鮮奶油適量、伯爵茶葉適量

做法 *Instructions*

1. 將水煮沸至100℃。
2. 茶壺溫熱，放入茶葉，沖入熱開水加蓋浸泡3分鐘後濾出紅茶。
3. 取一透明長口杯，將煉奶倒入杯內當底層，沿著杯身，倒入黑咖啡為中層。
4. 順著杯身倒入50c.c.伯爵茶為最上層，完成三層分明的伯爵飲品。
5. 最後擠上打發鮮奶油，撒上伯爵茶葉做裝飾即可享用。

貼心小提醒 *Tips*

伯爵茶很意外地與咖啡很搭，尤其佛手柑的香氣，更添這款飲品的滋味。

紅茶小語 *Tea Story*

世界知名茶廠—唐寧茶，其創始者Thomas Twining先生出身於紡織世家，由於看好茶品市場的發展，而致力於茶葉貿易。原本茶為貴族才能享用的飲料，為了讓一般平民也有機會享受到茶的甘美滋味，1784年，唐寧茶第三代傳人Richard Twining先生說服國會進行茶稅減免，讓茶稅從119%降至12.5%。1837年維多利亞女王頒給唐寧茶第一個茶的皇家認證，更指定唐寧為皇室茶品的供應者，一直到今天，唐寧茶仍是英國皇室的御用茶。

伯爵茶
精選紅茶與佛手柑香料調配而成。

紅玉冰拿鐵

份量：600 c.c.

適合搭配茶點：
鹹餅乾、鹹三明治

可替代茶葉：
- 阿薩姆紅茶
- 錫蘭紅茶
- 大吉嶺紅茶
- 肯亞紅茶
- 祁門紅茶
- 台茶18號
- 台茶8號
- 蜜香紅茶
- 水果加味茶
- 花草加味茶

材料 *Ingredients*

台茶18號紅茶葉6公克，水300c.c.、鮮奶300 c.c.、冰塊適量、果糖適量

做法 *Instructions*

1. 將水煮沸至100℃。
2. 茶壺溫熱，放入茶葉，先沖入150c.c.熱開水加蓋浸泡3分鐘後濾出紅茶，再回沖一次，將兩次泡好的紅茶混合，放涼置於冰箱冰鎮。
3. 紅茶倒入冰鎮過的茶杯，加入冰塊、果糖，打成奶泡的鮮奶即可享用。

貼心小提醒 *Tips*

俗稱紅玉的台茶18號紅茶，因為多為精選一心二葉茶葉，所以很耐泡，二次回沖後茶湯的滋味依舊美味，將一、二泡的茶湯混合，還是可以喝出紅玉的鮮甜。

茶譜為和菓森林提供

胚芽冰奶茶

份量：440 c.c.

適合搭配茶點：
杏仁餅乾

可替代茶葉：
- 阿薩姆紅茶
- 錫蘭紅茶
- 大吉嶺紅茶
- 肯亞紅茶
- 祁門紅茶
- 台茶18號
- 台茶8號
- 蜜香紅茶
- 水果加味茶
- 花草加味茶

材料 *Ingredients*

阿薩姆茶包1包、水110c.c.、鮮奶120c.c.、原味冰糖8g、炒熟的小麥胚芽10g、冰塊200g。

做法 *Instructions*

1. 將水煮沸至100℃。
2. 馬克杯溫杯後，倒入熱開水，放入茶包加蓋浸泡5分鐘後取出茶包。
3. 鮮奶、冰糖置於單柄鍋中加溫至70℃熄火，加入小麥胚芽攪拌均勻，倒入茶湯中混合成奶茶。
4. 雪克杯加入奶茶、冰塊搖晃均勻，倒入冰鎮過的杯子即可享用。

貼心小提醒 *Tips*

小麥胚芽是小麥最營養的精華部分，含有豐富的維生素E和多量的B群，搭配奶茶很對味。

歐風冰奶茶

份量：380 c.c.

適合搭配茶點：
奶油泡芙

可替代茶葉：
- 阿薩姆紅茶
- 錫蘭紅茶
- 大吉嶺紅茶
- 肯亞紅茶
- 祁門紅茶
- 台茶18號
- 台茶8號
- 蜜香紅茶
- 水果加味茶
- 花草加味茶

材料 *Ingredients*

阿薩姆紅茶葉8g、鮮奶150c.c.、細砂糖8g、巧克力冰淇淋30g、白蘭地酒5c.c.、冰塊200g。

做法 *Instructions*

1. 單柄鍋放入牛奶，以小火加熱至鍋邊冒小泡，放入茶葉，再煮1分鐘熄火。
2. 雪克杯加入奶茶、細砂糖、巧克力冰淇淋、白蘭地酒及冰塊，蓋緊蓋子搖動10～20下，倒入冰鎮過的杯中即可享用。

貼心小提醒 *Tips*

冰淇淋可以自己選擇各種口味。

胚芽冰奶茶

歐風冰奶茶

Tea
杏仁冰奶茶
份量：350 c.c.

適合搭配茶點：
蘋果派

可替代茶：
- ↙ 阿薩姆紅茶
- ↙ 錫蘭紅茶
- ↙ 大吉嶺紅茶
- ↙ 肯亞紅茶
- ↙ 祁門紅茶
- ↙ 台茶18號
- ↙ 台茶8號
- ↙ 蜜香紅茶
- ↙ 水果加味茶
- ↙ 花草加味茶

材料 *Ingredients*
錫蘭紅茶葉8g.、鮮奶150c.c.、杏仁粉16g.、細砂糖8g.、冰塊200g.

做法 *Instructions*
1. 單柄鍋放入鮮奶、杏仁粉，以小火加熱至鍋邊冒小泡，放入茶葉，再煮1分鐘熄火，濾出奶茶。
2. 雪克杯加入奶茶、細砂糖、冰塊，蓋緊蓋子搖動10～20下，倒入冰鎮過的杯中即可享用。

貼心小提醒 *Tips*
為了讓杏仁味道更濃郁，所以茶葉勿煮太久，因為煮太久茶會變酸澀。

茶譜為香草行李提供

椰香冰奶茶

份量：350 c.c.

適合搭配茶點：
可頌蔬菜堡

可替代茶葉：
- 阿薩姆紅茶
- 錫蘭紅茶
- 大吉嶺紅茶
- 肯亞紅茶
- 祁門紅茶
- 台茶18號
- 台茶8號
- 蜜香紅茶
- 水果加味茶
- 花草加味茶

材料 *Ingredients*

無咖啡因香草紅茶茶包2包、水150c.c.、鮮奶170c.c.、椰漿粉15g.、椰子糖漿5 c.c.、麥芽糖10 c.c.、椰子絲8g.、冰塊適量

做法 *Instructions*

1. 將水煮沸至100℃。
2. 單柄鍋加入30c.c.熱開水、過篩後的椰漿粉攪拌均勻，加入鮮奶加溫至70℃熄火，再倒入椰子糖漿。
3. 茶壺溫熱，倒入熱開水，放入茶包加蓋浸泡5分鐘後濾出茶包，加入麥芽糖攪拌均勻，放涼置於冰箱冰鎮。
4. 雪克杯放入碎冰塊、椰奶、紅茶搖晃均勻。
5. 茶杯冰鎮，倒入椰子奶茶，撒上椰子絲，放進一支吸管即可享用。

貼心小提醒 *Tips*

以甜度低於一般糖的麥芽糖提甜味，可以降低椰子糖漿的甜膩感，讓奶茶的甜味更香滑柔順。

無咖啡因香草紅茶
手工精選無咖啡因紅茶與科摩倫香草調和而成。

綠豆沙冰奶茶

份量：350 c.c.

適合搭配茶點：
手工餅乾

可替代茶葉：
- 阿薩姆紅茶
- 錫蘭紅茶
- 大吉嶺紅茶
- 肯亞紅茶
- 祁門紅茶
- 台茶18號
- 台茶8號
- 蜜香紅茶
- 水果加味茶
- 花草加味茶

材料 *Ingredients*
台茶8號紅茶包2包、鮮奶150c.c.、煮熟的綠豆20g.、細砂糖8g.、冰塊200g.

做法 *Instructions*
1. 單柄鍋放入鮮奶，以小火加熱至鍋邊冒小泡，放入茶葉，再煮1分鐘熄火，濾出奶茶。
2. 果汁機加入奶茶、煮熟的綠豆、細砂糖、碎冰塊，略為攪打約20秒，使綠豆變得較為綿密，倒入冰鎮過的杯中即可享用。

貼心小提醒 *Tips*
綠豆沙也可以使用綠豆沙粉，但自行製作口感也很棒！

芋頭沙奶茶

份量：350 c.c.

適合搭配茶點：
椰香厚片吐司

可替代茶葉：
- 阿薩姆紅茶
- 錫蘭紅茶
- 大吉嶺紅茶
- 肯亞紅茶
- 祁門紅茶
- 台茶18號
- 台茶8號
- 蜜香紅茶
- 水果加味茶
- 花草加味茶

材料 *Ingredients*
錫蘭紅茶葉8g.、鮮奶150c.c.、煮熟的芋頭丁20克、細砂糖8g.、冰塊200g.

做法 *Instructions*
1. 單柄鍋放入鮮奶，以小火加熱至鍋邊冒小泡，放入茶葉，再煮1分鐘熄火，濾出奶茶。
2. 果汁機加入奶茶、煮熟的芋頭丁、細砂糖、碎冰塊，略為攪打約20秒，使芋頭變得較為綿密，倒入冰鎮過的杯中即可享用。

綠豆沙冰奶茶

芋頭沙奶茶

111

布丁鮮奶茶

份量：450 c.c.

適合搭配茶點：
法式鹹派

可替代茶葉：
↓ 阿薩姆紅茶
↓ 錫蘭紅茶
↓ 大吉嶺紅茶
↓ 肯亞紅茶
↓ 祁門紅茶
↓ 台茶18號
↓ 台茶8號
↓ 蜜香紅茶
↓ 水果加味茶
↓ 花草加味茶

茶譜由香草行李提供

材料 Ingredients

阿薩姆茶包2包、水120c.c.、鮮奶200c.c.、蜂蜜20c.c.、碎冰塊適量、市售布丁1個

做法 Instructions

1. 將水煮沸至100℃。
2. 茶壺溫熱，倒入100c.c.熱開水，放入茶包加蓋浸泡5分鐘後取出茶包，放涼置於冰箱冰鎮。
3. 雪克杯放入碎冰塊、鮮奶、紅茶、蜂蜜搖晃均勻。
4. 茶杯冰鎮，放入布丁，倒入冰奶茶即可享用。

貼心小提醒 Tips

布丁和奶茶非常對味，也可將布丁切成小塊，以吸管吸食。

茶譜為瑪列．小巴黎商人提供

伯爵可可冰沙

份量：430 c.c.

適合搭配茶點：
熱烤乳酪火腿三明治

可替代茶葉：
- 阿薩姆紅茶
- 錫蘭紅茶
- 大吉嶺紅茶
- 肯亞紅茶
- 祁門紅茶
- 台茶18號
- 台茶8號
- 蜜香紅茶
- 水果加味茶
- 花草加味茶

材料 *Ingredients*
伯爵紅茶5g.、水130c.c.、可可粉5g.、鮮奶100c.c.、蜂蜜5c.c.、冰塊200g.

做法 *Instructions*
1. 將水煮沸至100℃。
2. 茶壺溫熱，放入茶葉，沖入熱開水120c.c.加蓋浸泡4～5分鐘後濾出紅茶。
3. 可可粉加入10c.c.熱水溶解成可可液備用。
4. 雪克杯冰鎮，加入紅茶、鮮奶、可可液、蜂蜜攪拌均勻。
5. 調理機中加入冰塊，倒入奶茶，將冰塊完全打碎，再倒入冰鎮的玻璃杯中，上頭撒上一點可可粉。

貼心小提醒 *Tips*
可以將伯爵茶泡好後加入冰塊，亦可將伯爵茶以冷泡法的方式處理，再接著做法3～5的方式製作。

Mariage Frères
仕女伯爵紅茶
精選大吉嶺紅茶，混合佛手柑的香味薰製而成。

鴛鴦冰奶茶

份量：350 c.c.

適合搭配茶點：
法國麵包

可替代茶葉：
- 阿薩姆紅茶
- 錫蘭紅茶
- 大吉嶺紅茶
- 肯亞紅茶
- 祁門紅茶
- 台茶18號
- 台茶8號
- 蜜香紅茶
- 水果加味茶
- 花草加味茶

材料 *Ingredients*

焦糖紅茶包2包、水160c.c.、三花奶水180c.c.、即溶黑咖啡4 g.、焦糖漿10 c.c.、碎冰塊適量

做法 *Instructions*

1. 將水煮沸至100℃。
2. 茶壺溫熱，倒入100c.c.熱開水，放入茶包加蓋浸泡5分鐘後取出茶包，加入三花奶水攪拌均勻，放涼置於冰箱冰鎮。
3. 即溶黑咖啡以60c.c.熱開水攪拌均勻。
4. 茶杯冰鎮，焦糖漿倒入杯底，再依序倒入奶茶，放入碎冰塊，最後倒入黑咖啡即成。

哈尼印度之旅焦糖紅茶
由大吉嶺茶葉與檸檬、焦糖混合薰製而成。

紅茶小語 *Tea Story*

鴛鴦奶茶據說是始創於香港蘭芳園的飲料，由七成港式奶茶和三成咖啡混和而成，能同時享受咖啡的香味和奶茶的濃滑。另有一種稱為「兒童鴛鴦」，又名「黑白鴛鴦」的飲料，由阿華田及好立克混合而成；由於不含咖啡因，適合兒童飲用。

焦糖漿自己做

材料：
白砂糖 250g.、
水 80c.c.

1. 平底鍋倒入白砂糖均勻鋪平，以中火煮至開始融化，轉小火繼續煮至糖全融成糖漿。
2. 觀察糖漿顏色轉至琥珀色，馬上加水入鍋稍稍輕拌均勻，至糖漿的顏色已至焦糖色即熄火待降溫。
3. 準備一個乾淨玻璃罐或白瓷罐，將焦糖漿倒進密封，冰箱保存。
4. 為保風味新鮮，兩個月內使用完畢。

紅茶事典

想要享受一杯好紅茶，泡茶的茶具不可少。坊間有不少各式茶器可供選擇，讀者可依需求慢慢添購，或利用手邊用途相通的物件來取代。以下介紹各種茶器，同時也列出購買茶葉及茶器的地點。

紅茶茶器介紹

紅茶罐

各種樣式不同的紅茶罐，是紅茶的外衣，也是紅茶的家，有不同尺寸，不同造型及不同個性，為紅茶增添不少趣味！因為台灣較為潮濕，為確保紅茶茶葉的新鮮度，茶葉罐的密封性及是否容易開關，是選擇時的標準。

茶包

一般茶包
內含2克碎末茶葉（也有業者使用完整茶葉）。

三角立體茶包
茶料在三角立體茶袋內充分伸展，完全釋放。

金字塔立體茶包
獨特設計的金字塔絲質茶包，能夠使茶葉的風味完全釋放在杯中。

濾茶器

星空不鏽鋼濾茶網

外緣裝飾以星空為主題的不鏽鋼茶葉過濾器。適合所有杯子和茶壺的大小。

球型濾器

將茶葉放入濾器，濾器有如茶包般讓茶葉浸泡在開水中（浸泡型）。

英式濾茶器

不鏽鋼的圓形造型，適用於泡茶壺或杯口徑5.5～8.5公分。

露思錐型茶葉濾器

不鏽鋼的濾杯中放入茶葉，蓋上雅緻色調的陶瓷錐蓋，放入茶杯或茶壺中，方便好用。

不鏽鋼濾茶器

當茶湯倒入茶杯中時能過濾茶葉，不讓茶渣掉落茶水中，讓飲茶時更方便。

雅竹花草茶濾網

竹編花草茶專用濾網，濾網直徑6.35公分、深7.62公分。

托盤

茶包濾茶托盤

托盤中間有漏水的溝，不會使茶包浸泡於溢出的茶液中，使第二泡的茶不會走味。托盤大小放在桌面也不佔位置。

方型茶托

浸泡茶包之後，將絲質茶包放置於陶瓷的器皿上。

茶杯

柔絲竹蓋瓷杯組
白瓷的茶杯搭配竹蓋，在浸泡茶包時，將竹蓋合上；品嘗時，竹蓋倒過來就成了隔熱杯。

卡緹茗茶杯
雙層杯身不燙手設計，搭配圓蓋與一只不鏽鋼濾杯，容量約370毫升。

特製品茶杯
一壺一杯設計，170c.c.容量，可簡單過濾茶葉。

東方鳥藤馬克杯
以東方鳥藤與經典綠，打造出價值不凡的馬克杯。

唐寧英倫早餐茶馬克杯
個人獨享茶具，加入熱水至8分滿，放入一個茶包，浸泡3～5分鐘，就是一杯好茶！

NATURE 茶杯及茶托
與知名老店「NORITAKE」所共同開發的高級骨瓷茶具組。曲線精美渾圓，同時更具備超群的功能。

雙層隔熱玻璃杯
精緻手工吹製而成，冰熱兩用。創新改良的雙層玻璃杯設計，具良好的保溫（保冷）作用，並具隔熱性，以避免燙手。

東方鳥藤紅茶杯盤組
Burleigh Pottery最具歷史代表性的圖騰——東方鳥藤，搭配Harrods經典綠色，打造出獨特的品味。

紅瓷咖啡茶杯
豔紅色表面設計的陶瓷茶杯，搭配Tea Forte的絲質茶包使用，特別設計的上蓋讓絲質茶包的經典葉形標誌展現於外，讓茶水的溫熱與香氣保存於內。

茶具組

英國斯波德 Spode —— 森林地系列 Woodland

以英國學習圖鑑中的動物為主圖，搭配典雅的英式花卉，完美表現出英國鄉村生活的自然悠閒。森林地茶壺1.1公升、森林地杯盤組220毫升。

保溫歐式茶壺

由Mariage Frères引進獨家專利的保溫壺，是泡歐式茶的首選。外罩不鏽鋼保溫罩，具外冷內熱的效果。

英國斯波德 Spode —— 義大利藍系列 Blue Italy

來自英國斯波德Spode精湛工藝的百年大廠義大利藍系列商品。茶壺1.1公升、義大利藍杯盤組220毫升。

計量匙

英式茶匙

小巧可愛的造型，適合任何茶葉罐，也是英式午茶必備器具。

DoZaar（測量用茶匙）湯匙型

傳統的美麗造型，製成家庭用的尺寸大小。長約8.5公分，為不鏽鋼製，1匙約為3g.（依茶葉而異）。

茶壺

特製精巧壺

製作冰茶最佳利器，既具功能性又富設計感的玻璃茶器。亦可以使用於泡熱茶。

冰釀茶壺組

獨特造型設計，採用Pyrex耐熱玻璃材質，壺組可相互疊合，下方裝滿冰塊的壺中，就成了冰紅茶。容積約295毫升。

聖彼得堡俄式手繪描金壺

俄羅斯風情滿點的手工描金壺，純手工描繪，另有手工描繪金杯。

紅茶和器具哪裡買

紅茶新手剛開始學喝紅茶，可依個人喜好口味、經濟能力，購買適合的紅茶及泡茶器具。你可以在以下這些精選店家，買到紅茶茶葉和茶具。

店名／網址	地址	電話	推薦
卡提撒克股份有限公司 www.cuttysark.com.tw	台北市行義路180巷5號	(02)2875-3568	卡提撒克古典混調、東方之夜
英國茶館 www.londonteahouse.com.tw	台北市忠誠路二段55號2樓	(02)2833-3558	飄香肉桂、經典伯爵 、
唐寧茶(欣臨公司代理) www.twinings.com.tw	台北市南京東路三段70號4樓	(02)2506-7777	唐寧伯爵茶
Harrods(新光三越代理) www.skm.com.tw/harrods	台北市松高路12號B2	(02)8780-1000 #6071	No.14英式早餐茶、No.18喬治亞特調紅茶
杜樂麗法國茶館 tw.myblog.yahoo.com/tuileries-teahouse	台北市仁愛路四段232號2樓	(02)2755-3069	法式伯爵茶、波旁王朝茶
Hediard(誠品代理) www.eslitegourmet.com.tw/br_Hediard.htm	台中市公益路68號1F	(04)2328-1000 ext.1340	四水果茶、頂級伯爵茶
Taylors (義式企業有限公司代理) www.italian-coffee-company.com	台北市堤頂大道二段475號	(02)2658-9660	約克夏茶、精緻阿薩姆茶
Tea Forte www.teaforte.tw/index.htm	台北市松高路11號5樓	(02)8789-3388 #1513	維也納肉桂茶、橙白毫茶
綠碧紅茶苑 lupicia.com.tw	台北市松壽路11號B2	(02)8789-5126	白桃烏龍極品、麝香葡萄
香草行李 www.herbcase.com	台中市神岡區豐社路122巷10號3F	(04)2522-0014	玫瑰花蕾伯爵茶、情人節典藏盒、假日茶
Mariage Freres (瑪列・小巴黎商人代理)	高雄市鼓山區中華一路978號	(07)5226-987	秋摘大吉嶺皇家婚禮紅茶經典1854

店名／網址	地址	電話	推薦
香茶巷40號 www.xtea40.com	農場／南投縣魚池鄉新城村香茶巷40號	(049)2896-369	台茶18號、台茶8號
	暢貨中心／台中市南區復興路三段280號	(04)2225-2311	
和菓森林 www.assam.com.tw	南投縣魚池鄉新城村香茶巷5號	(049)2897-238	老欉祖母綠紅茶、紅寶石紅茶
膨鼠紅茶 www.sotea.com.tw	南投縣魚池鄉中明村文化巷2之6號	(049)289-7127	膨鼠紅茶、膨鼠山茶、膨鼠紅玉
源香紅茶 www.yuanshiang.rul.tw	南投縣魚池鄉五城村五城巷100之2號	(049)2897-932	台茶8號、台茶18號
嘉茗茶園 tea075.tctea.org.tw	花蓮縣瑞穗鄉舞鶴村65號	(03)887-1325	蜜香紅茶
四季茶館 www.taitea101.com	店鋪／南投縣草屯鎮省府路365號	0935-712317	有機蜜香紅茶、蜜香小葉紅茶、山形玫瑰紅茶
	廠址／南投縣仁愛鄉南豐村中正路79號	(049)2371-406	
澀水皇茶 www.payeasy.com.tw/taiwan/wecare/tea/e04.shtml	南投縣魚池鄉大雁村大雁巷31-6號	(049)2895-938	澀水皇茶、百年紅茶
旺代企業 www.lotus168.com.tw/noritake.html	台北市信義路五段5號2B22室	(02)2725-5766	新金銀對杯、四季花瓷杯組
Afternoon-tea www.afternoon-tea.com.tw/	台北市忠孝東路五段8號(統一阪急台北門市)	(02)2723-8108	收集家花香設計骨瓷杯盤組、HAPPY幸運草杯盤組
居禮名店 (聯友企業代理) www.mylife.com.tw	台北市仁愛路三段26號11樓	(02)2702-7717	百年紀念茶杯組1910年—公爵夫人
Villeroy & Boch www.vbtaiwan.com.tw/	台北市敦化北路345號1樓(敦北旗艦店)	(02)2545-9226	Golden Garden茶杯組
台灣宜龍 www.eilongshop.com.tw/	新北市鶯歌鎮大湖路187號	(02)2679-2483 #110	晶豔花茶杯三件組

Taster 012

1 杯紅茶
經典&流行配方、世界紅茶&茶器介紹

編著	美好生活實踐小組
紅茶製作	蔣馥安・楊馥美
茶譜協力	張雅雲
攝影	林宗億・余春敏・元舞影像
美術編輯	鄭寧寧
編輯	劉曉甄
校對	連玉瑩
行銷企劃	洪伃青
總編輯	莫少閒
出版者	朱雀文化事業有限公司
地址	台北市基隆路二段13-1號3樓
電話	02-2345-3868
傳真	02-2345-3828
劃撥帳號	19234566朱雀文化事業有限公司
e-mail	redbook@ms26.hinet.net
網址	redbook.com.tw
總經銷	成陽出版股份有限公司
ISBN	978-986-6780-89-9
初版一刷	2011.04
定價	220元 / 港幣HK＄65元

國家圖書館出版品預行編目

1杯紅茶：經典&流行配方、世界
紅茶&茶器介紹／美好生活實踐
小組編著.－初版.
－ 台北市：朱雀文化，2011.04
面；公分，（Taster 012）
ISBN 978-986-6780-89-9（平裝）
1. 紅茶
427-41

出版登記北市業字第1403號
全書圖文未經同意不得轉載和翻印
本書如有缺頁、破損、裝訂錯誤，請寄回本公司更換

●朱雀文化圖書在北中南各書店及誠品、金石堂、何嘉仁等連鎖書店均有販售，如欲購買本公司圖書，建議你直接詢問書店店員。如果書店已售完，請撥本公司經銷商北中南區服務專線洽詢。北區（03）271-7085、中區（04）2291-4115和南區（07）349-7445。
●●至朱雀文化網站購書（redbook.com.tw），可享折扣。
●●●至郵局劃撥（戶名：朱雀文化事業有限公司，帳號：19234566），掛號寄書不加郵資，4本以下無折扣，5～9本95折，10本以上9折優惠。
●●●●親自至朱雀文化買書可享9折優惠。

港澳地區授權出版：Forms Kitchen Publishing Co.
地址：香港筲箕灣耀興道3號東匯廣場9樓
電話：（852）2976-6577
傳真：（852）2597-4003
網址：http://www.formspub.com
　　　http://www.facebook.com/formspub
電郵：marketing@formspub.com

港澳地區代理發行：香港聯合書刊物流有限公司
地址：香港新界大埔汀麗路36號
　　　中華商務印刷大廈3字樓
電話：（852）2150-2100
傳真：（852）2407-3062
電郵：info@suplogistics.com.hk
ISBN：978-988-8103-31-7
出版日期 二零一一年四月第一次印刷

HUGOASSAM TEA FARM

和菓森林

老欉紅茶莊園

用心作好茶

是我們的責任，這只是個開始，
我們肩負著文化傳承的使命，努
力推廣這百年的茶文化，未來的
目標是希望紅茶文化能深植台灣
，更讓全世界都知道魚池紅茶。

欉紅茶樹

裔日人種植留下的紅茶園，所栽種之紅茶品種有印度阿薩姆、紅玉(台茶18號)及野生山茶。
然歷經改朝換代，茶樹依然茂盛挺立，努力冒出新芽吐露著茶樹的芬芳。
樹的年齡平均80~100歲，堪稱為老欉紅茶。

《接受預約專業的茶葉體驗營》 http://www.taitea101.com

【店鋪】南投縣草屯鎮省府路365號（中興新村大門口）

【電話】049-2371406

【茶廠】南投縣仁愛鄉南豐村中正路79號

重度紅茶迷的朝聖之品

「一天之中會遇到數次起霧，濕潤了茶葉，霧散了，直射的陽光又迅速曬乾了它。
藉由這反覆的大自然現象，獨特孕育了紅茶的香氣，色澤，和個性。」

如果您來不及來一趟朝聖之旅，
就讓香草行李即時為您送達！～哈尼紅茶

 香草行李 Herb Case

香積園國際股份有限公司
Tel：(04)2522-0014
www.herbcase.com
mail：info@herbcase.com